JN175191

風景印かながわ探訪

“郵便局のご朱印”を集める、歩く、手紙を書く

古沢保

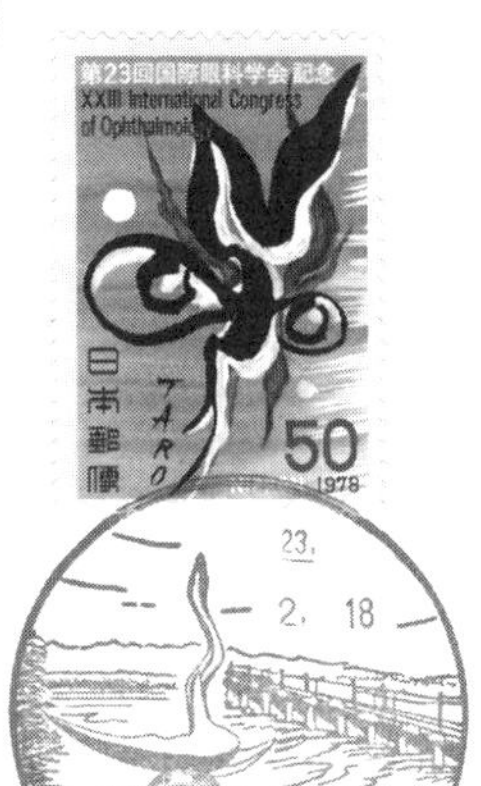

彩流社

◉まえがき

拝啓

……………と気取って手紙風に書き出してみたものの、読者の方がこの本を手に取る時期はまちまちなので、時候の挨拶が書けません。失敗しました。私はそんなツメの甘い、中年独身フリーライターです。

その私がかれこれ10年近く専門分野としているのが「風景印（ふうけいいん）」で、風景印を使って街を案内しつつ、風景印の面白さも案内する「風景印の案内人」を自称しています。ご存知でない方に風景印をざっと説明してみましょう。

☟①郵便局に配備された消印の1種

☟②地元の名所や名産品、歴史、著名人などを図案化してあり、美しいものやカワイイものも多いので、コレクターもそこそこいる

☟③通常の消印より2回りほど大きい直径3・6㎝で、色も黒でなく渋い赤（とび色という）

☟④全国で約2万3千局ある郵便局のうち、約1万1千局に配備

☟⑤配備局の郵便窓口に手紙を持っていき、「風景印で出して下さい」といえば、この消印で差出すことができる

☟⑥官製はがきや、はがき料金以上（２０１７年時点では62円以上）の切手が貼ってあれば記念に押してもらえ、持ち帰ることもできる

郵便グッズなので切手収集が高じて集める人もいますし、旅行好きで旅の記念に集印する人もいます（私は前者）。スタンプの色が赤で、自分では押せずに局員さんに押してもらうところなども、今ブームの「ご朱印」に似ており、「ご朱印の次にブームになるのは風景印だ」なんてことも巷では言われます。でも風景印の使用開始は１９３１（昭和６）年で、その当初からコレクターはいました。もう約90年の歴史があるわけで、私から見れば、あっという間にご朱印人気に追い抜かされたトホホな印象です。まあ、そんなマイナーさも愛着を覚える一因なんですけどね。

風景印にはデザイン面、希少性など様々な魅力がありますが、私が特に惹かれるのは☞④です。郵便局の総数は小学校の総数と同程度。その約半数に風景印があるということは、小学校2校分のエリアに1つ、地元の名物を描いたスタンプがあるということです。ここまで全国網羅的に存在するアイテムは他には知りません。1万1千種類存在するからには、超マイナーな題材も多く、その1つ1つを調べていけば、日本中について物知りになれるのではないか、というのが私の持論です。そうして風景印を集めながら現地を訪ね歩くことを「風景印散歩」と命名し、推奨している次第です。

２０１２年4月より5年間に渡り、「神奈川新聞」紙上で神奈川県内の風景印散歩記事を連載する機会を得ました。首都圏と一括りにされることも多い中、当たり前ですが神奈川県には、私が暮らす東京都とは全く違う文化がありました。風景印に導かれて出かけて行ったら、その先にどんな物語が待っていたのか……。普通の観光案内には載らないような、ひと味違った86＋2篇の神奈川県の旅をお楽しみいただければ、嬉しく思います。

※各章頭のナンバーは「神奈川新聞」連載時の回数です。本書の内容は取材時の情報に基づき、出版時に加筆・修正しています。

かながわ県 風景印

川崎菅星ヶ丘
⑩稲田堤
64 川崎中野島
47
25 川崎宿河原
41 生田駅前
81 麻生
22 川崎溝ノ口
84 川崎千年
66 宮前
15 川崎上小田中
70 青葉台
39 青葉台駅前
54 相模原若松
相模原磯部
60 港北
61 新横浜駅前
57 川崎本町
19 川崎大師
② 座間
26 大和つきみ野
67 緑
45 横浜上白根
29 川崎東
5 横浜南瀬谷
14 横浜西谷
58 65 横浜旭
13 横浜帷子
48 横浜本町
横浜保土ヶ谷
44
36
76
④ 横浜港
(廃止)
56 海老名大谷
38 横浜永田
83
21 横浜貿易センター内
33
20
28 横浜北方
⑧ 上大岡駅前
87 横浜山元町
① 踊場駅前
43 横浜汐見台
⑧ 横浜笹下
18 本郷台駅前
53 横浜南部市場内
50 横浜庄戸
31 横浜富岡
85 大船
30 横浜桂町南
42 能見台駅前
17 金沢文庫駅前
24 茅ヶ崎海岸
59 藤沢本町
27 藤沢南口
82
62 深沢
③ 鎌倉浄明寺
68 横浜六浦川
辻堂
⑦ 藤沢橋通
37 鎌倉雪ノ下
⑨ 横須賀
78 新大津駅前
88 横須賀秋谷
35 横須賀長坂
73 初声
16 三浦

33：根岸駅前
36：横浜吉野町
76：横浜太田町
83：横浜住吉町
87：横浜滝頭

相模原林公園
瀬戸秋月
三浦

分布図

本書に登場する
86 城山若葉台
77 相模原大
75 田
51 半原
72 厚木
69 山北
49 大井金子
34 曽我
52 開成
55 秦野
12 中井
6 平塚富士見
32 平塚
63 下曽我
74 二宮
46 小田原東
23 小田原
11 仙石原
40 箱根湯本
71 箱根町

◉もくじ

1 踊場（おどりば）駅前局　踊る3匹の猫は宿場の遊女という説も

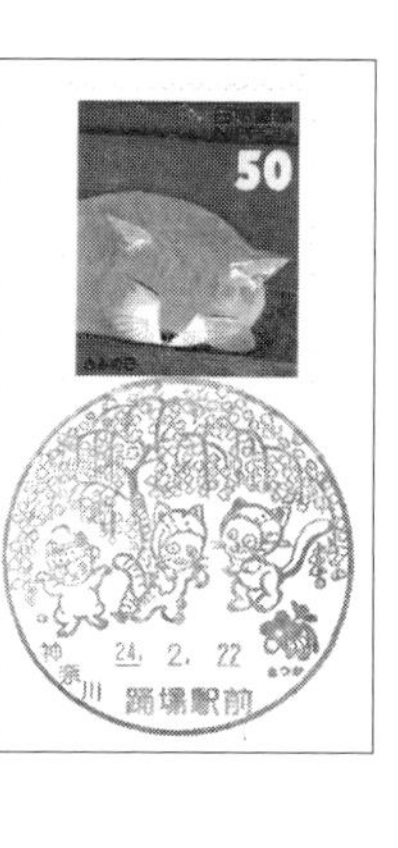

美しい記念切手で手紙が届いたのに、ガーン、消印で黒く汚れてる……というのはよくある話。でも切手を汚さない、きれいな図入りの消印があるのをご存知だろうか？

街の名所などを図案化したこの消印、名前を「風景印」という。神奈川県内だけで約５００局に配備されており、マニア心を刺激するアイテムなのだ。これからこの風景印を求めて、街の歴史や空気に触れる散歩に出かけるので、どうぞお付合いのほどを……。

さて、記念すべき第1回は横浜市戸塚区にある踊場駅前局の風景印。３匹の猫が踊っている何とものん気な図柄だが、当地は江戸時代、東海道戸塚宿から少し外れた地域だった（直線距離にして約１km）。宿内で醤油屋を営んでいた「水本屋」の主人、ある時、店の手拭いが一本ずつ無くなるのに気がついた。そこで手拭いと自分の腕を紐で結んで床に就く。夜も更けた頃、腕を引っ張られて目覚めると、飼い猫のトラが手拭いを咥えて出て行くところ。追いかけて判明したのは、トラは広場で仲間に踊りを教えていて、皆で頭に手拭いを巻いて踊ってた……という話。

これが踊場という地名の由来である。踊る猫は、当時宿場を夜な夜な賑わせていた遊女たちの比喩だという説を聞けば、水本屋の主人をいろいろ勘繰りたくもなる。いずれにしても今、市営地下鉄の通る踊場は、２５０年くらい前には人家も無いうら寂しい草っぱらだったのだ。駅には猫柄の装飾や、１７３７（元文２）年建立の猫の供養塔もあるので、お参りかたがた見学してほしい。このカワイイ風景印で手紙を出すと、女性にえらく評判がいいなんてことも、蛇足ながら付け加えておこう。

踊る猫の頭上で満開のしだれ桜は、宝寿院というお寺に咲いている。実際に猫がこの下で踊ったわけでなく、風景印では2つの題材が組合わされている。寺によれば、日露戦争に召集された檀家の息子が、仲間から青森県弘前の桜の苗をもらった。いよいよ戦地に赴く前、面会に行った父親が息子から託されて持ち帰ったのがこのしだれ桜の木という。樹齢100年以上の古木なので、樹勢も多少弱っている。それでもたくさんの支柱に支えられて花を咲かせる姿には風格すら感じるのだ。

上：横浜市営地下鉄ブルーラインの踊場駅にはさまざまな意匠の猫のオブジェが。
下：駅の入口脇にある念仏供養塔。

上：駅舎の屋根には猫耳が？
左上：たくさんの支柱に支えられた宝寿院のしだれ桜。
左下：青森で生を受けた桜が、数奇な縁で今もこの地に花を咲かせ続けている。

◎踊場駅前郵便局
：横浜市戸塚区汲沢 8-2-12
◎宝寿院：横浜市戸塚区汲沢 4-32-6

2　相模原磯部局・座間局　青空に128畳分の巨大凧揚げ

相模原市内には凧図案の風景印が5局ある。例年5月に開催する「相模の大凧まつり」、4地区が各5～8間（9・1～14・5m）四方の凧を揚げ、最大のもので128畳分。毎年揚がる凧としては日本一というから、神奈川県民はもっと自慢していいと思う。

江戸時代後期の1830年代に始まり、明治中期から本格的な大凧になった。個人的に子供の誕生を祝うものが、次第に地域ぐるみの行事に発展。1934（昭和9）年に皇太子（平成天皇）が誕生した時は「祝誕」、東京五輪の1964（昭和39）年は「祝輪」など、時代を反映した漢字二文字を描くのが慣例だ。こうした歴史や制作の舞台裏は「相模の大凧センター」の展示で学べる。ちなみにお隣の座間市でも同日、相模川河川敷で並んで大凧を揚げており、昔は互いにライバル意識もあったとか無かったとか。こちらも風景印になっているので、紙面では両者の競演を表現してみた。

最初に見物したのは2年前。凧の下で何人も暮らせそうな大きさだが、8間四方だと950kgもあり、揚げるのは100人がかり。昔のアニメで凧糸に絡まって人が空に上がっちゃうなんてよくあったが、相模の大凧保存会事務局長（当時）・荒井慎一さんによれば、不用意に臨めば大怪我をする場合もあるというから冗談では済まない。命がけの真剣勝負なのだ。

実は私、2年前に見た、見たと吹聴しているが、別の用事があって凧が揚がる前に退散したのでちっとも威張れないのだ。でも大凧センターのビデオを見ただけでも、凧を支えるメンバーたちがギリギリのところで身を交わし、凧が宙に浮いた瞬間は身震いがした。生の迫力はなおさらだろう。

特に今年（2012年）は、保存会の方々も思いが強い。昨年は東日本大震災の影響で中止を余儀なくされたからだ。警備に必要な警察官や消防官が東北支援に出ていたのもあるが、「本来相模の大凧は子供のためのものなのに、当時東北では行方不明の子供が大勢いて、心情的に揚げることはできなかった」と荒井さん。今年は吉澤美芳会長（当時）をはじめ保存会のメンバーが復興への願いを込め、絆のマークを付けて揚げるという。

【後日談】 私も、12年5月5日に「相模の大凧まつり」を再訪した。そして現地で気づいたが、凧が大き過ぎて、本体を支える側と紐を引く側は同時に撮影できないのだった。やはりツメが甘い……。でも真っ青な空に巨大な凧が浮き揚がると、そんなことはどうでもよくなった。荒井さんたちは2015年6月、岩手県大船渡市に行き、「復興」の2文字を書いた4間凧を揚げたそうで、その後も支援と交流は続いている。

右上：待機中はちょうどいい休憩場所に。　左上：ここから2012年に追加撮影。大凧を持ち上げるメンバーは「引っ立て」という。右下：裏で押さえる「凧押さえ」も重要な役割。左下：青空に上がった凧を見上げる。左肩に「絆」のマークも入っている。

◎相模原磯部郵便局：相模原市南区磯部 1293 － 2
◎座間局：座間市相模が丘 1-36-34
◎相模の大凧センター：相模原市南区新戸 2268 － 1
◎相模の大凧まつり会場：新戸スポーツ広場から三段の滝下広場にかけての相模川河川敷

3　鎌倉浄明寺局　時が止まったような竹寺の静寂

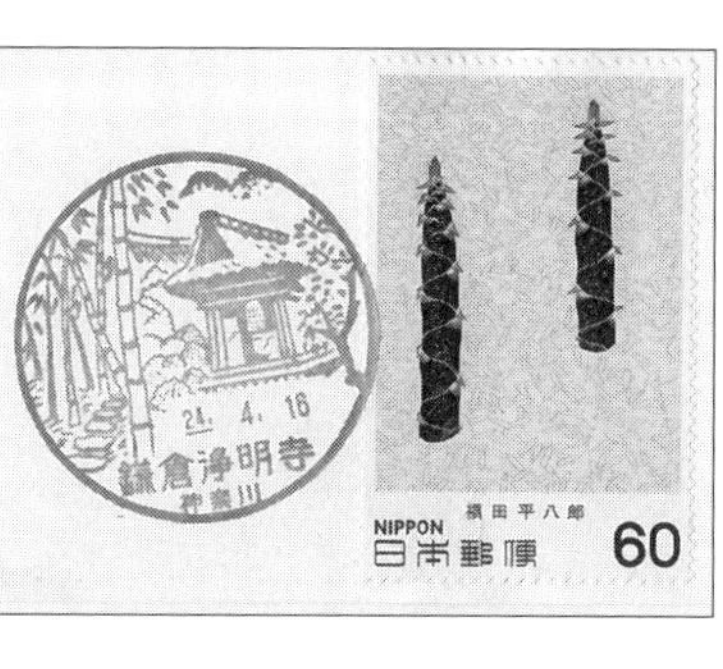

春の鎌倉駅に着いて驚いた。改札を抜けるのに一苦労するほどの大混雑。３月まで放送していたドラマの影響もあり、また観光客が増えたという。駅前から鶴岡八幡宮までの喧騒を抜け、さらに歩くこと約15分。鎌倉浄明寺郵便局まで来ると、だいぶ人もまばらになる。風景印に描かれた報国寺は、そんな街に静かにたたずんでいる。

１３３４（建武元）年創建の古刹で、開基は足利尊氏の祖父・家時。約１００年後の永享の乱で敗退した足利義久は当寺にこもって自刃した。裏山には「やぐら」と呼ばれる横穴墓があり、足利一族の墓地と伝わっている。

そんな歴史ある寺だが、それ以上に有名なのは「竹の庭」で、いつの頃からか「竹寺」と呼ばれるようになった。その数およそ2千本。竹林に足を踏み入れると、周囲よりいくぶん気温が低い。茶席・休耕庵で抹茶をいただいていると、あまりの静寂に時が止まってしまったかのような錯覚に陥る。

江戸時代の古絵図には既に竹林が記されている。戦後まで自然のままにしていたが、先代の住職が庭を整備し、１９７１（昭和46）年に一般公開した。当初は無料だったのを、一部のマナーの悪い客に閉口して２００円の拝観料を取るようにした。今はだいぶ改善されたが、それでも竹に文字を彫る不届き者もいる。「地元の人間にとって鎌倉が観光地だという意識は無いです。普通に生活しているのに、うるさくされたりゴミを置いて行かれたりすると非常に残念。このいたずら書きは、この竹が生あるうちは消えることはないでしょう」と寺務長の氏原基博さんは話す。「せっかく訪れるのだから、歴史ある鎌倉本来の風情を静かに味わってほしい」という意見には私も賛成だ。

ところで私が出かけた（２０１２年）４月７日は、当寺のそばにある旧華頂宮邸の施設公開日だった。皇族から臣籍降下した華頂博信侯爵が１９２９年（昭和４）に建てた家で、普段の庭園公開に加え、年に2回ほど邸宅内部も公開する。残念ながら風景印の題材にはなっていないが、洒落たサンルームなど上流階級のモダンな生活が味わえて見応え十分だ。

【後日談】氏原さんによれば、記事掲載後の5年間で鎌倉の観光客は4倍に増えたそうだ。「外国人観光客の方も注意書きをよく読んで下さり、マナーは向上しています。お陰様で落書きも増えていません」と嬉しい近況を聞いた。お寺の持つ雰囲気がそうさせているのかもしれない。

上：足利氏のやぐらは平地が少なかった鎌倉特有のつくり。
中：健全な竹林を保つため10年に1回程度、植木屋に間引きをしてもらう。
下：お抹茶をいただくと干菓子も可愛い竹の形。
右上：竹にはハングルや英語の彫り物も見られる。日本人が書くと、外国人観光客も書いていいのだと勘違いしてしまうので責任重大だ。
右下：旧華頂宮邸には各部屋に暖炉がある。実際は最先端のスチーム式暖房が使われていた。

◎鎌倉浄明寺郵便局
　：鎌倉市浄明寺 3-2-20
◎報国寺：鎌倉市浄明寺 2-7-4
◎旧華頂宮邸
　：鎌倉市浄明寺 2-6-37

４　横浜港局　波乱の人生を歩んだ「太平洋の貴婦人」

横浜港局から６月２日の開港記念日にふさわしい風景印をご紹介したい。横浜マリンタワーや横浜ベイブリッジなど名所揃いの図案だが、注目していただきたいのは外枠。これぞ横浜港の顔・氷川丸をイメージした形で、そういえば子供の頃に描いた「おフネ」は、こんな形だったっけと思い出す。

氷川丸が誕生したのは１９３０（昭和５）年。横浜～シアトル間を約２週間で結ぶ豪華客船で、チャップリンや秩父宮夫妻も乗船し、乗客たちからは「太平洋の貴婦人」と愛された。アール・デコ仕様のダイニングは気品に溢れ、一等社交室のソファは驚くほど深く沈む。しかし船内の展示は、氷川丸の生涯がそれだけではないことを教えてくれる。戦中戦後は塗装を変えて病院船、引揚げ船や物資輸送船としても働いた。貴婦人がドレスが汚れるのも厭わず、額に汗して働く姿を思わせて感動を誘う。

ところでこの氷川丸、現役時代は船内に郵便局があった。それに付属した郵便庫兼貴重品庫（老朽化により現在は非公開）を、今年（２０１２年）１月にテレビ番組の収録で見学する幸運を得た。

「ＭＡＩＬ　ＲＯＯｍ」のプレートが残る重々しい金属製の扉を開ける。薄暗い室内に入っていくと、年代ものの木製の棚が並び、「神田」「麻布」など地名の貼り紙が見受けられる。アメリカからの復路、帰港したら少しでも早く配達に回せるよう仕分けをしながら帰ってきたのだろう。私が手紙びいきなのは、電子メールと違い、物理的に遠距離を運ばれてくるところにロマンを感じるからで、大海原を越えてやってくる船便の手紙はその最たるものといえる。

氷川丸の船内郵便局でも風景印を使っていた。当時は出航前に波止場で郵便物を引き受けたり、風景印を記念に押したりしていたようだと、日本郵船歴史博物館の学芸員さんが教えてくれた。私が80年前に生きていたなら、足繁く通ったに違いない。右ページに掲載するのは先輩収集家・勝田明さんから借用した貴重なコレクションだ。

氷川丸内局の風景印が押せない今は、横浜港局の風景印が代わりに旅情を誘う。人生の船出とかけて、披露宴の招待状をこの風景印で出すカップルも多いと聞く。お羨ましいことで。

ちなみに図案の中段はイギリスの豪華客船クイーン・エリザベス2がモデルと聞いた。こちらも現役を引退し、今はドバイの港で、海上ホテルとして第二の人生を歩む日を待っている。船の生涯も様々である。

上：氷川丸は戦後、日米フルブライト交換留学生の渡航にも使用した。風景印を押した同制度50周年記念切手の題材も氷川丸。
下：扉の上にはMAIL ROOMのプレートが。

左：内側から入口に向かって。室内には電気が引かれ、郵便物がコードに触れて燃えぬよう配慮もなされていた。
右：棚には郵便物の宛先を仕分ける地名が貼られている。

◎横浜港郵便局：横浜市中区日本大通5-3
◎日本郵船氷川丸：横浜市中区山下町山下公園地先
◎日本郵船歴史博物館：横浜市中区海岸通3-9

5 横浜南瀬谷(せや)一局　市議が丹精込めたあじさいの里

皆さんは地元のシンボルフラワーが何かご存知だろうか？　横浜市瀬谷区の花はアジサイで、公園などで多く見かける他、知る人ぞ知る名所がある。「あじさいの里・白鳳庵」は民家の庭で、アジサイの季節にだけ一般開放する。当主は医師の川口龍文さんで、アジサイは父の正英さんが1970（昭和45）年頃から集め育てたもの。正英さんはかつて横浜市会で議長も務めた人物だ。

瀬谷は桑都・八王子から横浜港へ向かう途中にあり、明治期には生糸の生産で栄えた。門柱が川口家の隆盛を示しており、元は1873（明治6）年に横浜港に置かれた横浜税関の門柱だった。1883年に神奈川県庁がその場所に移転したため、県庁の正門に使われたこともある。正英さんの祖父・龍助さんが大正初期に県から払下げを受け、生糸を運んだ馬車で横浜港から持ち帰ったという。門扉とガス灯は第二次世界大戦中に献納してしまったが、1968（昭和43）年にこれらも復元した。

正英さんは県庁の農政係に勤務し、白鳳という桃の品種開発などに携わった（庵の名前もここから来ている）後、50代で市議に転じた。自宅の庭に花を植え、市民に楽しんでもらいたいと考えた時に浮かんだのがアジサイ。瀬谷は「谷」の字が象徴するように日陰が多い低地のため、水分を好んで虫に強いアジサイが向いていた。国内だけでなく、視察に出かけた海外でも珍しい品種を求め、庭には今、50種類以上3千株のアジサイが咲き誇る。正英さんは2007年に103歳で大往生を遂げた。

遺された「あじさいの里」は、息子の龍文さんや、その妻の幸子さんたちが維持している。「近年は周囲の自然が減ったせいか、以前はつかなかった虫も目につくようになってきました。でも草花が多いお陰で、気温が31

～32度あっても網戸にしておけば涼しいんです。義父が丹精込めた庭を、私たちも出来る限り守っていきたい」と幸子さんは話す。

　ところでこの風景印には、もう一つ面白い題材が描かれている。左側の記念碑と地蔵は「宮沢六道の辻」と呼ばれる場所にあり、本当に道が六つに分岐している。六道の辻とは仏教で人が死後に向かう地獄、餓鬼、畜生、修羅、人界、天上への分かれ道で、分岐点にいるお地蔵様がその道を示してくれるのだ。17世紀半ばに開墾した地域で、石碑は1715（正徳5）年のものであり、当時の農民たちが終生の安楽を願ったと思われる。何気ない畑地と民家の間に、こんな異界への入口が潜んでいるとは思いも寄らなかった。

上：横浜港から運んできた由緒ある門柱。
下：庭園内には散歩道があり、10分ほどで一回りできる。

右：生糸を生産していた時代、繭を入れるのに使っていた土蔵。
左：宮沢六道の辻。どちらへ進むと天上へ行けるのか…？

◎横浜南瀬谷一郵便局
　：横浜市瀬谷区南瀬谷 1-76-10
◎あじさいの里・白鳳庵
　：横浜市瀬谷区本郷 2-7-7
◎宮沢六道の辻：横浜市瀬谷区宮沢 4-26 付近

6 平塚富士見局　二つの鷺塚と昭和の記憶

江戸時代、神奈川県内には東海道の宿場が9宿存在した。当時の光景に思いを馳せながら散策するのは楽しいものだ。平塚富士見局の風景印は、かの有名な歌川広重の「東海道五十三次・平塚」を取り込んでいる。街道筋を飛脚と駕籠かきがすれ違い、正面には特徴的な形の高麗山がそびえる。そして左上空には鳥が飛び……と、ちょっと待った。広重の元絵では、こんなところに鳥は飛んでいない。これは風景印オリジナルの白鷺(しらさぎ)で、その右の石碑は白鷺塚だという。だが気になることに、市内には「鷺塚」と「白鷺塚」、二つの碑が存在するのだ。

古くから相模川流域には白鷺が棲み、現在も市鳥に指定されるほど、平塚と白鷺の縁は深い。大正期、市内にあった海軍火薬廠の松林に白鷺が大繁殖し、その群れで雪が降り積もったように見えたという（そのフンでという説もある……）。ところが1938（昭和13）年、台風で500羽以上が吹き落とされる惨事があり、廠内の人々が供養のために翌年に作ったのが「鷺塚」だ。同地は戦後、農林省果樹試験場を経て、82年から91年にかけて平塚市総合公園が整備された。

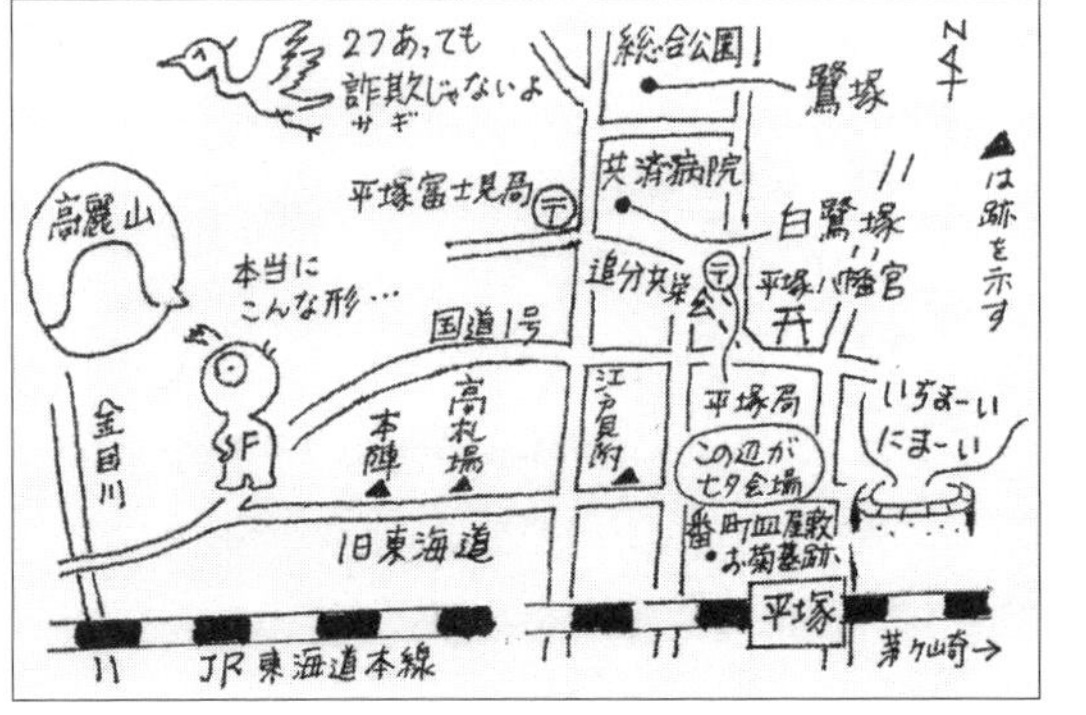

一方、平塚共済病院の敷地内には、59年に市内の追分共栄

会が建てた「白鷺塚」があり、スタンプになっているのはこちら。同じ災害の鷺を供養しているのに、なぜ塚は二つあるのか。市の古い冊子を見ると、共栄会の人々が鷺塚の移設を計画したが、結果的に新しい塚を建てたとの記述がある。

追分共栄会会長（当時）の佐川具玉（ともよし）さんに聞いてみると、白鷺塚の碑は佐川さんの父親世代が計画したものだった。なぜ移設が実現しなかったかは、今となっては分かる人もいないが、果樹試験場は立入り禁止だったため、市民がちゃんと供養できる場所に建てたいというのが発端であろうと佐川さんは推測する。「昭和30年代、追分共栄会には自分たちが市の中心を担っていこうという活気があって、財政的にも余裕があったんですよ。まだ平塚駅前に大型店が出店する前でね。60軒くらいあった店も今では半分に減っちゃったけど、何とかやってますよ」。白鷺塚の碑は商店街に元気があった頃の遺産だったのだ。白鷺について調べるつもりが、思いがけず昭和のノスタルジックな思い出にたどり着いた。

今でも金目川には白鷺が来ると噂を聞いて、高麗山の見える花水橋まで足を延ばしてみた。けれどねぐらはもう少し上流らしく、そう簡単に白鷺にはお目にかかれなかった。

上：平塚市総合公園に88年に再整備した鷺塚。コンクリート製だったものを白御影石で復元。
下：追分共栄会が建てた白鷺塚の碑。右側の碑には北原白秋が作詞した「平塚音頭」の白鷺にまつわる歌詞が刻まれている。

【後日談】 近い将来、平塚共済病院が建て替えられることになったが、白鷺塚の碑などはきちんと敷地内に残される予定とのこと。「先輩たちが作ったものを残せてよかった」と佐川さんも一安心している。

◎平塚富士見郵便局：平塚市富士見町 7-6
◎白鷺塚：平塚市追分 9-11 平塚共済病院敷地内
◎鷺塚：平塚市大原 1-1 平塚市総合公園内

7 藤沢橋通局　生きていた藤沢メダカ、野生に帰る

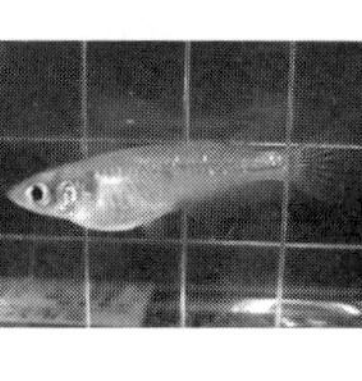

図案の「藤沢メダカ」の存在がずっと気になっていた。

鵠沼藤が谷地区にはかつて水田と池が広がり、自然のメダカが棲息していた。だが１９６０年代以降の都市化で水辺がなくなり、残っていた蓮池にも栽培種（ペット用などに飼育した種）が持ち込まれて生態系は崩壊。当地を流れる境川水系のメダカは絶滅したと思われていた。

このメダカを、県内水面試験場長（当時）の城条義興さんが、市内の池田正博さん宅の庭で発見したのが１９９５年のこと。池田さんのご子息が50年代に近所の蓮池ですくったことを日記に詳細に記録しており、以後他の魚は放流せず、１千匹にまで増えていたのだ。東大でＤＮＡ鑑定を行なった結果、境川水系の在来型と推定され、「藤沢メダカ」と名付けられた。

奇跡の生存経緯を知ってますます実物が見たくなり、「藤沢メダカの学校をつくる会」会長（２０１７年現在は顧問）の渡部かほりさんを訪ねた。会では市役所新館前の池や新江ノ島水族館などでメダカを育てている他、飼育法を伝授する「メダカの学校」を毎年開講。市内の小中学校や市民に藤沢メダカを配付し続け、現在では約５００世帯が登録する。

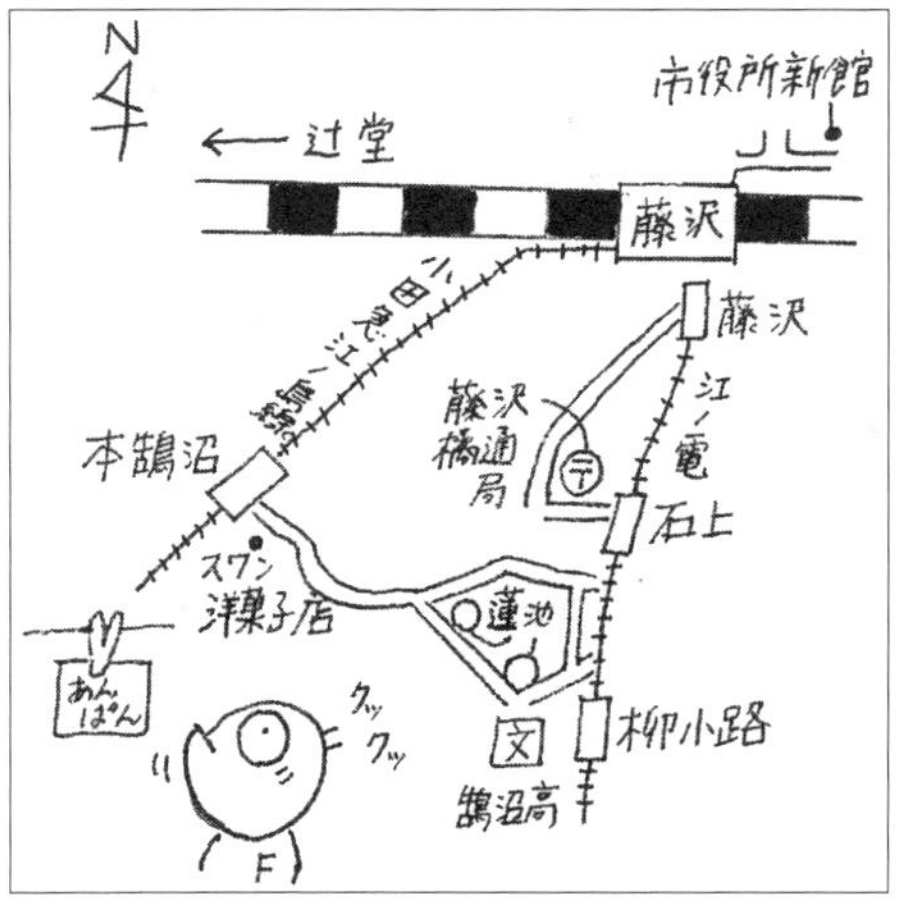

会発足時、小学校の校長だった渡部さんは、定年退職後もメダカ

のために多忙な日々を送っている。「飼育に失敗して死なせてしまったと、半分泣きながら電話をくれる人もいて、小さな命を大切に思ってくれている気持ちが伝わってきます」。メダカの学校初期卒業生には、海洋大学や獣医大学に進んで会の活動に戻ってくる若者もいる。

中西博さんは渡部さんの希望で「藤沢メダカサブレ」を製造し、自宅のスワン洋菓子店で販売している。サブレに型押ししたメダカも自身でデザインしたもので、水面のエサを取りやすいよう下顎が出ているのがメダカの特徴だという。「子供時代は当たり前にいたし、絶滅の危機だなんて渡部先生に聞くまでは思いもしなかった」。自身もプランターで藤沢メダカを育て始め、今や1年で1万匹にまで増やす「メダカの達人」だ。

だが難題もある。会の最終目標は生物多様性の理念に基づき、藤沢メダカを自然に帰すことだが、田んぼが消えた今、メダカの棲める水辺が無い。もし整備できたとしても、他のメダカを放されたら藤沢オリジナルが守れない危険もある。メダカをめぐる物語は、続いていく。

【後日談】 この記事掲載後、藤沢市が海洋大学にＤＮＡ鑑定を依頼し、研究者から「野生の遺伝子を育てるべきだ」との勧めがあった。野生メダカ生態復元研究所の指導も受け、２０１４年度から蓮池に市民が育てた藤沢メダカの放流を始めた。心配していたオリジナルの保護についても「数が多ければ自然淘汰で藤沢メダカが残っていくはず」との助言を得たそうだ。「この5年、城条氏の助言で大きな進展があったんです」と渡部さんの声も明るい。いよいよ藤沢メダカ野生化への一歩を踏み出した。

上：渡部さんのメダカの学校には様々な世代が参加する。
下：蓮池周辺は現在、桜小路公園として整備されている。この池に2016年秋には500尾の藤沢メダカを放流した。市の許可の下、今後も放流していく予定。

◎藤沢橋通郵便局
：藤沢市沼橋 1-11-12
◎スワン洋菓子店
：藤沢市鵠沼桜が岡 3-5-3

8 横浜笹下（ささげ）局・上大岡駅前局

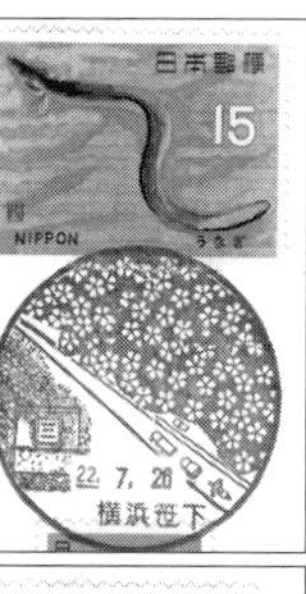

土用丑の日が近づいてきた。なぜ横浜笹下局の風景印をウナギの切手に押したのかといえば、左下に描かれているのが「鰻井戸」という史跡だから。鎌倉時代、金沢文庫の北条実時が病に倒れた。お告げで使者が笹下に来てみると、古井戸があり2匹のウナギが泳いでいる。その水を持ち帰り飲ませたところ、実時の病気はたちまち快癒したという。

リアルに考えるとウナギが泳いでた水を飲みたいかは悩ましいところだが、750年前からウナギには精をつける効果があると信じられていたわけだ。昨今の高値、どこかウナギの棲んでいる井戸はないものか。

ところで港南区は、ヒマワリの街でもある。近年は区が保育園や自治会などに毎年2万粒の種を配布する。その種は、42万本のヒマワリ畑で知られる宮城県大崎市から届くものが中心。1987（昭和62）年、同地を訪れた横浜市民が、港南区の花もヒマワリだと話したことから交流が始まった。夏休みには1年交代で子供たちが互いの地域を訪れる。

だが2011年、大崎市も東日本大震災に見舞われ、家屋592棟が全壊した。幸い、その年もヒマワリの種は届いたが、大崎市から港南区に来る順番だった生活体験交流は延期した。復興が進んだ2012年3月、ようやく大崎市の子供たちが港南を訪れた。自身の夢を語るキャンドルファイヤーで大崎市の子供の一人は「人を助けられる人になりたい」と話したという。

港南区の子供たちが大崎市を訪れる際には、大地を黄色に埋め尽くすヒマワリと震災からたくましく立ち直りつつある姿に触れ、どんな思いを胸に港南の街に帰ってくるのだろうか。

◎横浜笹下郵便局：横浜市港南区笹下2―4―23
◎上大岡駅前郵便局：横浜市港南区上大岡西1―6―1ゆめおおおかオフィスタワーB1

12 中井局

◎中井郵便局
：足柄上郡中井町半分形21－5

秋の七草の一つ、キキョウを求めて足柄上郡中井町へ。鉄道が無いため小田急線秦野駅から本数の少ないバスに乗る。中井中央公園には2006年に農家が野菜を直販する「里やま直売所」を設け、2012年からは地元商店が屋台を出す「里山なかい市」も開催している。人や店が減っていく中での地域活性策だ。土質が野菜栽培に適しており、特産品を限定できないほど何でも育つ土地だそうだ。私も地元製麺所の屋台で町のとれたて野菜がたっぷり入った焼きそばをいただいた。

それはそうと肝心のキキョウが見当たらない。聞くともう時期は終わりではないかと言う。あちゃー、最初の目的を達しそびれたか……。

トボトボ歩いていたら、役場の植込みに数輪、青い花が。ホッと胸をなでおろした。

17 金沢文庫駅前局

◎金沢文庫駅前郵便局
：横浜市金沢区釜利谷東2－16－7

読書の秋。鎌倉幕府の執権・北条氏の血縁で、北条実泰を祖とする金沢(かねさわ)北条氏は、学問好きの家系だった。二代目の実時が13世紀の中頃に収集した和漢書などを収めたのが金沢文庫の始まり。1333（正慶2）年、足利氏らに敗れた本家とともに金沢北条氏も滅亡、蔵書も散逸した。徳川家康が江戸城内の文庫に移した史料は国立公文書館などに保存されている。一部の蔵書は称名寺に残り、文庫は伊藤博文が1897（明治30）年に再興。金沢文庫の史料には蔵書印が押されていて人気が高く、稀に古書市場に現れると1冊で数千万円の値が付くのだとか（！）。

私は死んだらお墓もなくていい考えだが、例えば700年後、自分が書いた本がどこかの図書館の片隅にでも残されていたら、ちょっと嬉しい。

＊風景印を集めよう！

■郵便局へ行くか、郵頼するか

巻頭でも書いた通り、風景印は、**①配備局の郵便窓口に出かけて押してもらう**のが最もオーソドックスな収集法です。

郵便局へ行くと、その局でしか売っていない局名入りのポスト型カードが購入できたり、貯金窓口で「旅行貯金」ができたり（通帳にいろんな局名の局印が集まり、中には小さなイラスト入りの局印もある）と、副産物があるのが楽しいところ。局員さんと図案について会話したり、土地のリアルな記憶が風景印と一緒に残るのが現地収集の良いところです。それに対して、**②押印台紙を郵便局に送り、押して返送してもらう＝郵頼**という方法もあります。

こちらは地元にいながらにして全国各地の風景印を集められるのがメリット。往復の送料を考えても、わずか二百数十円で北海道でも九州でも集印できるのは魅力です。稀に図案説明の紙を同封してくれたり、「ぜひお出かけください」など一言メッセージを添えてくれる局も。郵頼で他者に手紙を出すこともできるので、行ってもいないのに「沖縄に来ていま～す」なんて遊び心満載のお便りを出すこともできます（↑悪用はしないように!?）

■はがきに押すか、切手に押すか

風景印が1931年に誕生して初期からオーソドックスだった収集形態が、**①官製はがきに押してもらう＝官白**です。見た目に統一感があるのが最大の魅力ですが、膨大なスペースを取るのが庶民には悩み。そこでおススメしているのが**②名刺サイズのカードに切手を貼って押してもらう**　です。「切手＋風景印」という最小限の大きさで収まり、名刺ホルダーなどに収納すれば見た目もきれいです。さらに切手は種類が豊富なため、風景印に合った切手を選ぶことで美しさが2倍になります。私はこれを「マッチング収集」と命名し、本書の風景印もこのスタイルで集めています。うまくマッチングした時は快感です。

③集印帳やノートに押してもらう　これぞ世に一つしかない、あなただけのコレクション。風景印の良さは多くの観光スタンプと違い日付が入るところで、後で見返すと貴重な行動記録になります。風景印の他にその日見た映画や美術展のチケットなども貼り、小さな文字でエピソードなどを書き込んでいるのは几帳面な女子が多く、楽しそうだなあ、やってみたいなあと思いつつも、物臭な私にはなかなか出来ません。

④フォルムカードや絵葉書とマッチングする　②をさらに進化させた方法。郵便局には都道府県別に販売しているフォルムカードという変形の絵葉書があり、人気のアイテムです。このフォルムカードや市販の絵葉書など〝絵の面〟に切手を貼って風景印を押してもらうと非常にきれいです。最近ではこうした集印用の丸型シールも発売されるなど、人気が上昇しています。

以上、代表的な収集法を紹介しました。他にも工夫次第で様々な集め方ができるので、自分に合ったスタイルで楽しんで下さい。

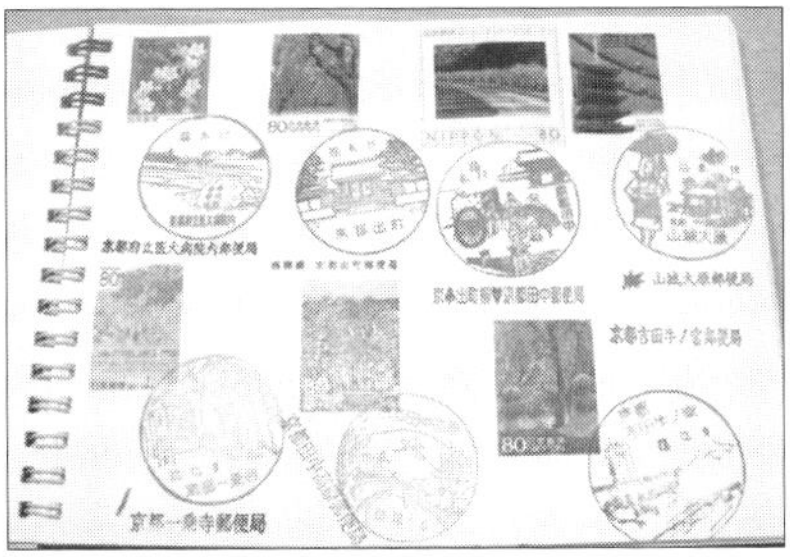

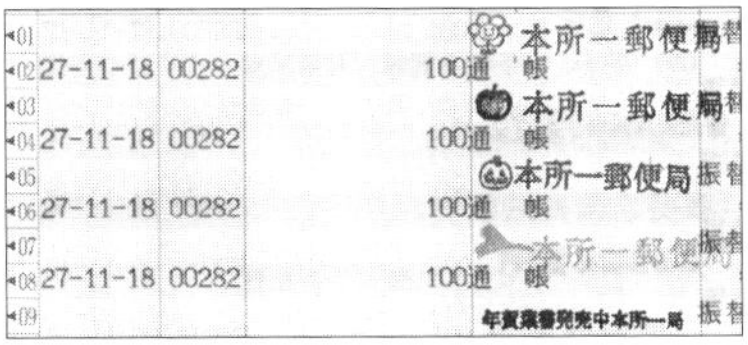

上：私の友人はスケッチブックを集印帳にしている。
中：旅行貯金通帳。
下：埼玉県版のフォルムカードに集印。

9 横須賀局 戦没者を慰める白く清楚なヤマユリの花

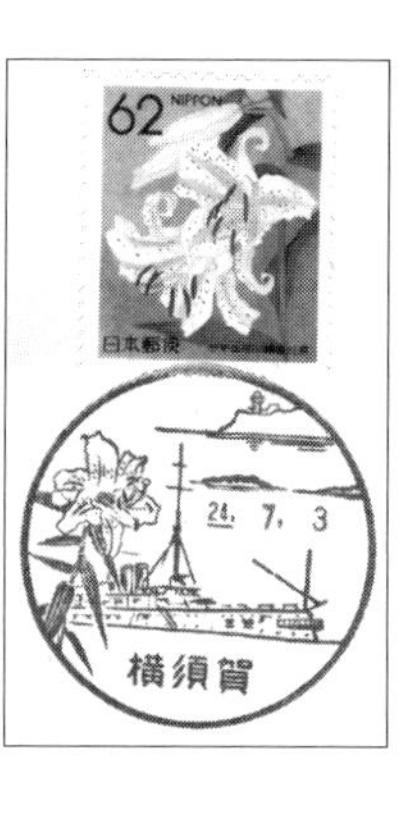

横須賀局の風景印に誘われて記念艦三笠を見に行った。1905(明治38)年、日本海海戦で東郷平八郎率いる連合艦隊がロシアのバルチック艦隊を打ち破り、日本を勝利へと導いた時、旗艦として活躍したのがこの三笠だ。

東郷らの立ち位置がマークしてある艦橋上部に昇り、主砲を見学していると、70代とおぼしき男性の団体がやってきて「取舵いっぱーい!」と東郷ターンの真似を始めた。1971年生まれの私は、そういう行為自体が思いつかない世代。でも艦内の解説を読むと、日本がなぜ日清戦争から日露戦争へと突き進んだのかが、理解できる気がする。三笠は日本海軍の注文でイギリスが作ったが、ロシアのアジア侵攻をイギリスが警戒していたことなども読み取れる。戦争の是非は別にして、歴史の授業では理解しきれなかったことを学べるのが、風景印散歩のいいところだと思う。

そんな栄誉の戦艦三笠だが、1923(大正12)年には海軍から除籍され、26年に横須賀港に保存された。日本敗戦後は受難の時期が続く。進駐軍の管理下に置かれ、砲塔やマストなどは取外された。横須賀市から借り受けた民間企業は甲板にダンスホールや水族館を設営。それらが廃れると、艦上の金属はことごとく持ち去られ、当時のモノクロ写真は廃工場か幽霊団地のような有様だ。見かねた人たちの間で復元の機運が高まり、現在の姿に蘇ったのが61年。横須賀局が翌62年に現図案に改正していることからも、市民の復元に対する喜びが伝わってくる。以来、日本に現存する唯一の軍艦として、戦争の歴史を今に伝えている。

三笠の左に大きく描かれているのは、神奈川県花のヤマユリ。市内で名所を探したところ、港の南方に位置する衣笠（きぬがさ）山公園に「ヤマユリの道」というのがあった。当公園は日露戦争の戦没者慰霊のために１９０７（明治40）年に開園。横須賀が軍港だっただけに、どこへ行っても戦争の記憶が付きまとうのは仕方ない。

ヤマユリはかつて県内のいたる所で見られたが、開発や盗掘などですっかり減ってしまったと聞く。衣笠山でも花泥棒だけでなく、食糧難の時代にユリの根を食した人たちが懐かしんで持ち去る被害があったが、２０１０年から横須賀緑化造園協同組合が整備するようになり、マナーはだいぶ改善した。「持って行った花が増えたので」とお詫びがてら株を返しにきた人がいたという笑い話もある。長さ約２００ｍの斜面に咲き誇る、香りのいい清楚な白い花は、戦没者の心も慰めるだろう。

月並みだけれど、平和な時代に生まれて良かった。「平和が一番」だと改めて思った。

上：東郷像とともに横須賀港で余生を送る三笠。
下：東郷の立ち位置を示すマーク。日本海海戦の時、東郷はここに５時間立ち続けたという。

ヤマユリは株につく花の数が１年に１輪ずつ増えていく。神奈川県内での見頃は６月下旬～７月上旬。

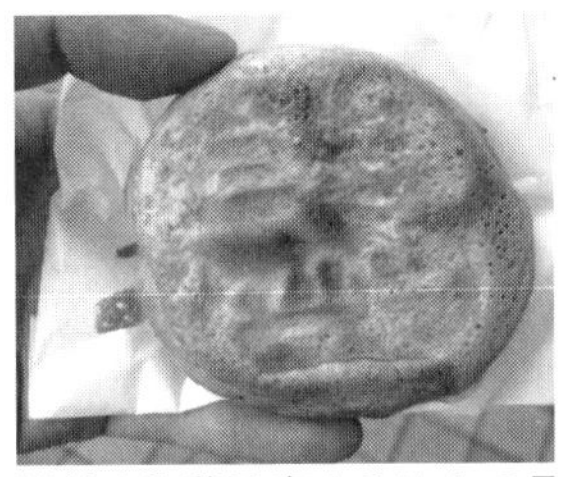

駅前の和菓子店まるはんで見つけた「三笠焼」。三笠の文字と艦体の焼き印が。

◎横須賀郵便局：横須賀市小川町８
◎記念艦三笠：横須賀市稲岡町 82-19
◎衣笠山公園：横須賀市小矢部 4-922

10 稲田堤局 今や貴重品種、川崎原産の「長十郎」

ある世代以上の方は「長十郎」という響きに懐かしさを覚えるだろうか。明治から昭和の前半にかけて「二十世紀」と人気を二分したナシの品種。1893（明治26）年に川崎大師の辺りで発見、多摩川流域で盛んに生産し、「多摩川梨」のブランドで日本各地へと出荷した。だがやがて、後発の「豊水」や「幸水」に押され、1970年代以降生産量は激減し、川崎のナシ生産も衰退した。

すると稲田堤局の風景印は、過去を懐かしむデザインなのだろうか？ いや実はこのスタンプは、1952（昭和27）年から継続使用している息の長いもの。終戦後の当時は、これが地域を代表する風物だったのだ。

探してみると、登戸に今でも長十郎を生産しているもぎ取り農園があった。駅から徒歩10分ほどの三平（みつひら）果樹園は現主人の三平勝政さんで四代目。勝政さんがまだ20歳前後だった昭和30年代、一帯には約80軒のもぎ取り農園があり、今は無き向ヶ丘遊園（2002年閉園）の帰りに大勢の客が立ち寄った。登戸の駅前には各農園の案内人が並んだが、客を奪い合うまでもなく、どの農園にもワンサカ客が訪れたという。その後、宅地化の波に襲われて、現在登戸地区でもぎ取りのできる農園は2～3軒しか残っていない。ナシの栽培は花や実がない冬も枝を剪定するなど1年中休みがない。それでも取材をした年は5月に季節外れのひょうが降り、3～4割をダメにしてしまったというから苦労が偲ばれる。

だが約80aの広さを持つ三平果樹園は文句無く楽しい。ナシだけで約20の品種があり、果物と野菜合わせて約50種類を育てている。足を踏み入れれば作物のパラダイスだ。「いろいろ作るのは、半分趣味だから」と屈託なく話す三平さん。人から「取りに来るから育ててよ」とある作物の種を袋一杯渡された。責任持って巨大に育てたが、依頼主が取りに来ない。結局、食べ方もわからず腐らせてしまったことがある。それに懲りて「もう売れないものは作らない」と言いながら、今年もオカヒジキという初めての作物を育てている。自身が楽しんでいるのが、斜陽でも続けてこられた理由かもしれない。

話を長十郎に戻そう。三平さんが他の品種とともに長十郎も栽培し続けているのは、原産地・川崎の伝統を守る責任感から。「高齢の家族が入院中で、どうしても長十郎を食べたがっているからと、うちまで来てくれた人もいる。農学部の学生が研究でやって来て、『長十郎をやめないで』とお礼状をくれたこともある」。三平果樹園に行けば、確実に長十郎が手に入るという周囲の信頼が支えになっている。後発の品種のように軟らかくはないが、シャリシャリとした齧り応えが魅力の長十郎。8月下旬に最盛期を迎える。

上：三平果樹園の入口。
下：売店にはその日採れた新鮮な作物が並ぶ。

右:「暑い年は梨の糖度が期待できる」と三平さん。ブドウ、キウイ、リンゴ、カキ、ミカン、ユズ、レモンなど12月頃まで様々な果物が楽しめる。
左：風景印上段に描かれた稲田堤の桜は、現在は数えるほどしか残っていない。「昭和30年代までは芸者さんたちも来て、桜より花見客を見るのが楽しかった」と妻のまさ子さん。

◎稲田堤郵便局：川崎市多摩区菅1-2-18
◎三平果樹園：川崎市多摩区登戸1251

11 仙石原局 人の手が加わるから維持できる自然もある

夏も終わりというのに毎日暑いことである。涼を求めて箱根の仙石原湿原へ。17 haの湿原自体は１９３４（昭和９）年に天然記念物に指定されており市民は入れないが、隣接地の３haを整備して76年に開園した箱根湿生花園が、その姿を我々に見せてくれる。

今回はまず切手に注目した。この切手は96年9月に発行したので、恐らく秋の光景だろうと見当をつけていた。園内に入ると、やはり図案のような紫と黄色の花が目につき、カメラに収めて一安心。ところが事務室に寄り、元園長で学芸員（当時、現在は非常勤）の高橋勉さんに見せたところ「ああ、切手の花はサワギキョウとクサレダマ。写真のはミソハギとオミナエシで別の花だね」と、あっさり却下されてしまった。一目で見抜くとは、さすが開園当初から関わり続けている園の生き字引だ。

オープン当初あまり人気が出なかった当園が一躍注目を浴びたのは、まだ皇太子妃だった美智子妃が訪れてから。高橋さんも何度か案内役を務めた。「『何年かすれば見られるようになるでしょう』と説明したら、数年後にいらした時に、『あなたがおっしゃったのはこういうことだったんですね』って、ちゃんと覚えていて下さったのには感激しました」と話す。

そもそも海抜６５０ｍの高さにある仙石原は、2万8千年前に火山の噴出物で早川がせき止められて湖になった。それが段々水位が下がり、5千年前に湿原に。湿原は本来、放っておくと乾燥し、森林化していく運命にある。なのに仙石原が長らく湿原のまま保たれていたのは、人が放牧や家畜の飼料を得るために野焼きをしてきた副産物だった。

しかし戦後は放牧が廃れ、必然的に乾燥も進んだ。それを自然の成行きと割切る考え方もあるが、高橋さんたちはちょっと違う。「天然記念物に指定された当時の湿原を維持することが、ここですべき保護のあり方。県内に一つしかない貴重な湿原を守り、一人でも多くの方に触れていただきたい」と環境省、神奈川県、箱根町が一体となり、1970年を最後に途絶えていた野焼きを2000年から再開して湿原の維持に取組んでいる。

園長（当時）の鈴木克典さんの案内で園内を回り、今度こそサワギキョウとクサレダマを写真に収める。クサレダマと聞くと「腐れ玉」の文字を思い浮かべるが、実際は連玉（レダマ）という木に咲く花があり、それに似た花を咲かす草だから「草レダマ」なのだとか。勉強になるなあ。

最後に一人で園内をもう一周していると、背後から来た二人連れの女性客が、花の名札を見て「クサレダマだって。可哀想な名前！」と笑い声を上げた。教えてあげようかと思ったが、一瞬迷って止めにした。

上：箱根湿生花園では湿生地の植物200種をはじめ、高山植物や外国の野草など計約1700種類の植物が見られる。下：春先に野焼きを行なう「復元区」には2haの湿原が広がる。奥の台ヶ岳は10～11月にかけてススキの名所となる。手前の花はコオニユリ。

左：サワギキョウ。右：クサレダマ（クサレダマと右ページのハコネバラの写真は箱根湿生花園提供）。仙石原局の風景印は2012年に急逝した私の知人がデザインしたもの。「ハコネバラは箱根町の花だからどうしても図案に入れたかった」と話していた。

◎仙石原郵便局：足柄下郡箱根町仙石原 25-1
◎箱根湿生花園：足柄下郡箱根町仙石原 817

13 横浜帷子(かたびら)局 宿場跡の商店街と今も残る本陣通用門

現在、国道1号はＪＲ保土ケ谷駅の東側を走っているが、西側には保土ケ谷駅西口商店街が並行している。古い銭湯や洋品店などが並ぶ道幅の狭いこの通り、江戸時代の東海道保土ケ谷宿の宿場跡だと言われると、なるほどと納得する風情がある。

通りの各所には、お触れを掲げた「高札場跡」や人馬の引継ぎ所だった「問屋場跡」などの説明板があり、往時の宿場を想像しながら歩くのが楽しい。少し脇道に入ったところに、今回風景印を紹介する横浜帷子郵便局がある。「歴史に興味を持つ方が多いのか、最近、保土ケ谷から次の宿場の戸塚まで歩く方が増えましたね。土日は残念ながら窓口は営業していませんが、平日に散策なさる方は、ぜひ記念に風景印を押しにいらしてください」と局長の長島けさ枝さん。

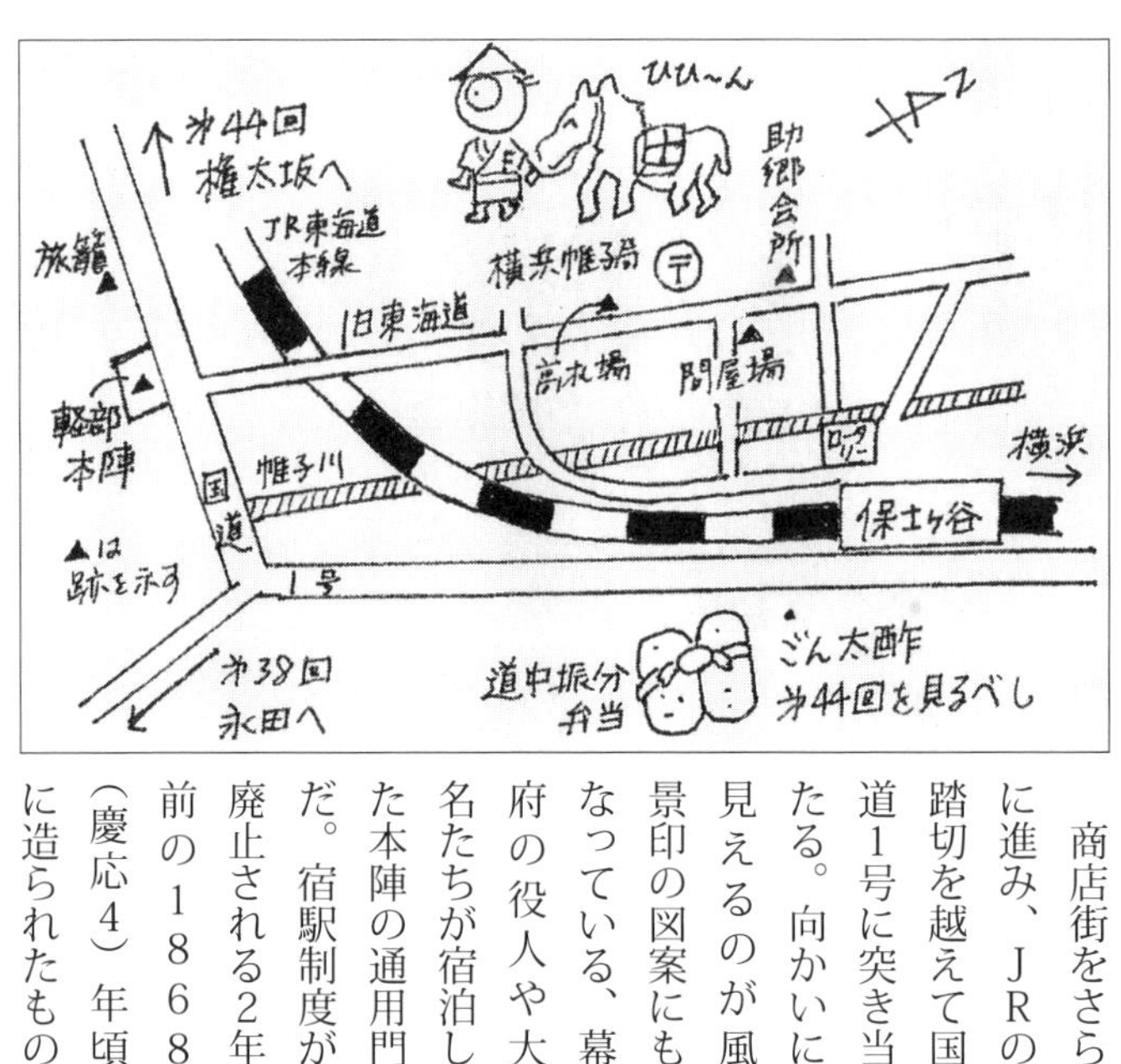

商店街をさらに進み、ＪＲの踏切を越えて国道1号に突き当たる。向かいに見えるのが風景印の図案にもなっている、幕府の役人や大名たちが宿泊した本陣の通用門だ。宿駅制度が廃止される2年前の１８６８（慶応４）年頃に造られたもので、母屋などは関東大震災で倒壊し、この門だけが残っ

た。部屋数が18もあったという大規模な本陣の一端を伝える貴重な歴史の証人だ。現当主の軽部紘一さんは、本陣を務め始めた頃からすると16代目に当たる。「祖父や父が調査した史料の中には、徳川家康が本陣を務めるよう命じた朱印状などもあります。当時は子供なので価値がわかりませんでしたが、今は破り捨てたりせずによかったなと思います」と笑う。実は以前は、門の前にブロック塀が立ち、外からはよく見えなかった。それが２０１１年の東日本大震災で塀を修理することになり、幸か不幸か今は門がよく見える状態。「今後数年の間に国道が拡張されますが、門は少し移動して保存される予定。地域の歴史に興味を持つきっかけになってくれればいいですね」。

上：旧本陣の通用門。2017年現在は工事中の柵は無く、石塀も取り払われて門が見やすくなっている。
中：江戸時代の宿場を再現したジオラマ。
下：まつりでは文明堂はあんにじゃが芋を使った「じゃがどら」を販売する。保土ヶ谷には江戸末期に甲府からじゃが芋が持ち込まれ、良質な種芋として全国に出荷している。

正月にはこの前を、箱根駅伝の選手たちも走って行く。

そして例年10月には、西口商店街で東海道宿場まつりを開催する。駐車場の「歴史資料館」には江戸から明治初期を再現したジオラマや、市電が走っていた頃の写真などを展示し、学生や同好会の青空パフォーマンスも年々盛り上がりを見せている。秋の1日、神奈川県の歴史に触れるには絶好の機会なので、ぜひお出かけのほど。

宿場まつりの横浜帷子局ブース。各店が思い思いの店を出す

◎横浜帷子郵便局：横浜市保土ヶ谷区帷子町 2-89
◎旧本陣通用門
：横浜市保土ヶ谷区保土ヶ谷町 1-68

14 横浜西谷（にしや）局 近代国家の威信を担ったライオンのポール

最近は水道の水をそのまま飲まない人も増えている。私はそれでも、汗をかいた後にごくごく飲む水に勝る飲物はないと思うクチだが、皆さんの家庭ではどうだろうか？　１８８７（明治20）年10月17日、わが国に近代水道が整備されてから、約１３０年が経つ。発祥の地は横浜の関内周辺。その歴史や経緯については、市内の西谷浄水場に併設している横浜水道記念館の展示に詳しい。

幕末の開港以来、外国人居留地を中心に関内の人口は爆発的に増加した。１８５９（安政６）年に約１００戸しかなかった横浜村が、１８８９年の市制施行時には人口12万人に増えたというから大成長だ。だが海に近いため、井戸を掘っても塩分が混じることが多く、コレラなどの疫病もあり、衛生的な水の供給は急務だった。当時、政府の要人だった伊藤博文が神奈川県令に、水道敷設計画に万全を期すよう書き送った手紙が展示してあり、近代水道は欧米諸国に一等国の威信を示すために不可欠だったことがわかる。

当初、水道は各家庭まで届かなかった。横浜西谷局の風景印に描かれているライオンの顔が付いたポールは「獅子頭共用栓」という。輸入元のイギリスではライオンが水神であるため、こういう形をしている。１４３基が道路約90ｍおきに設置され、契約した住民が側面の穴に鍵を差し込んで、口から出る水を汲んでいた。終戦後までは街に残っていたというから、利用した読者の方もおられるだろう。

最盛期には６００基余り設置した獅子頭共用栓も、現存が確認できているのは9基のみ。うち3基が水道記念館に展示してある。今の蛇口とはあまりにも形状が違うが、これが人々の喉を潤してくれていたと思うと感謝の念も湧く。「創設以来途切れることなく水を供給し続けてきた横浜水道の重みを感じます」と館長代理（当時）の山本正俊さん。

もう一つ、スタンプの左にある洋風建築は、1915（大正4）年の西谷浄水場完成時に建設した整水室上屋。ろ過池から送り出す水量を調節する機械が入っていた。国の登録文化財に指定され、今も敷地内に建っている。今回は取材記者の役得で、間近で見学させてもらった。見晴らしのいい緑の高台に、赤レンガに青銅屋根の小ぶりで瀟洒な建物が、浄水井上屋、配水井上屋（それぞれ配水池と市街へ送る水量を調整する機械を覆っていた）も含めて6棟並んでいる。今でこそ住宅も増えた西谷だが、周囲がほとんど農地や山林だった約100年前、この光景がどれだけ新奇な印象を与えたかは想像に難くない。「西谷浄水場に限らず、水道施設は空気のいいところが多いんですよ」とは山本さんの弁。こういう清々しい場所から運ばれてくると知ると、水道の水も一層おいしくなる。

上：1954（昭和29）年築の管理棟を現在は記念館に使用している。
下：記念館4階の展望台からも整水室などの建つ敷地が見渡せる。遠く東京スカイツリーまで望める。

左：間近で見ると、こじんまりとして可愛らしい。
右：1887年に横浜停車場（現在の桜木町駅）広場に設置された横浜水道創設記念噴水塔。敷地内には貴重な水道遺産が多数。

◎横浜西谷郵便局：横浜市保土ヶ谷区西谷町802
◎横浜水道記念館：横浜市保土ヶ谷区川島町522

15　川崎上小田中局　住宅街の畑でパンジーを選ぶ楽しみ

川崎市中原区の下小田中地区は、昭和50年代には全国でも日本一の出荷量を誇ったパンジーの特産地だった。今回は第10回の長十郎ナシに続く、さしずめ川崎の農業シリーズ第2弾。

古くから稲作や果樹栽培が盛んだった同地区で、「三色すみれ」と呼ばれたパンジーの園芸栽培が始まったのは昭和30年代後半のこと。その頃は高単価高収入の花だった。農閑期となる秋から冬に育てられるので、新たな収入源と見込んでのことだった。

現在でもナシとパンジーを主力商品とするかしま園の鹿島連(むらじ)さん(1961年生まれ)にとっては、小学生の頃から身近な花。大学を卒業すると「背広で会社勤めするのをいいなと思ったこともあった」けれど、実家の農業を引き継いだ。

バブル期にガーデニングブームが起こると、パンジーは一躍人気商品に。だがその分、ホームセンターなどが販売する安価な苗も急増した。下小田中にもマンションが建ち並び、後継者難で、最盛期に30軒あったパンジー農家は現在10軒ほどに減っている。

そんな中でかしま園の特徴は、地掘り栽培。よくあるポットの苗が根づまりしやすいのに対し、広い露地で育てたパンジーは根が丈夫で、プランターなどに移しても根つきがいいのだ。

品質がいい分、手間もかかる。苗床から畑に移す定植作業は腰に響くし、屋外なので虫はつくし、近年はゲリラ豪雨も心配だ。今や地区で地掘り栽培を続けているのはかしま園だけになってしまった。

実は鹿島さんもポットへの切替を考えたことがある。だがポットだと育苗とナシの収穫時期が重なってしまうため、地掘り続行を選択した。そうした必然もあったが、ここまで来ると意地もある。「どうせならデメリットをメリットに変えてやろう」と10年ほど前、お客が畑から好きな株を選んで買える方式を考案。口コミで人気が広まり、今や約5万株のうち市場出荷は半数で、残り半数は愛好家が直に買っていく。「去年の株もたくさん咲いたよ」と言われるのが嬉しい。今は庶民性が魅力のパンジーゆえ、1株100円の値段も変えない。

「武蔵中原は繁華街の小杉と溝ノ口に挟まれた住宅街。幼い子供を育てる若夫婦に人気で、暮らしやすくいい街ですよ」と鹿島さん。小さな子供が低い目線で楽しめることからも、パンジーはこの街によく似合っている。例年11月には、パンジーを選びに来る人たちで農園は賑わいを見せる。

【後日談】この取材をした2012年から息子の俊祥さんも農業に参加。子供の頃から手伝っていたため、すんなり家業に入る気になったようで「丸5年経ってもう一人前です」と鹿島さんも太鼓判。その後、かしま園では野菜にも力を入れ、ニンジン、大根、カブの収穫体験もできるように。ますます家族で楽しめる農園になっている。

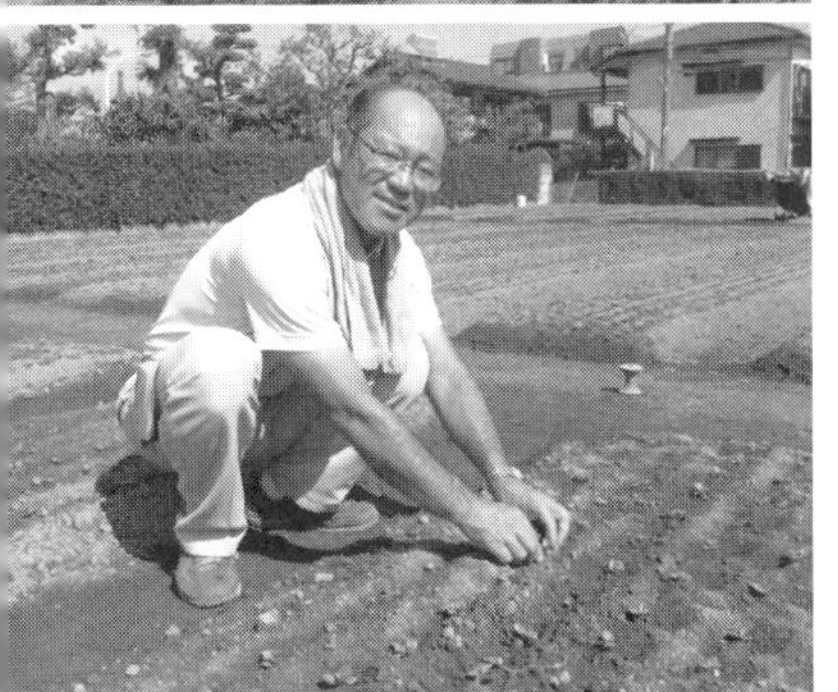

上:広々とした露地でパンジーも健やかに育つ。寄せ植えやハンギングリースなど楽しみ方も幅広い。
下:いい苗の選び方や育て方は鹿島さん一家が気さくに教えてくれる。鹿島さん、よろしくお願いします!

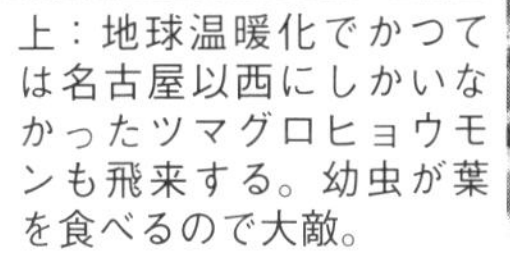

上:地球温暖化でかつては名古屋以西にしかいなかったツマグロヒョウモンも飛来する。幼虫が葉を食べるので大敵。

◎川崎上小田中郵便局
:川崎市中原区上小田中 6-19-2
◎かしま園:川崎市中原区下小田中 5-1-2

16 三浦局　北原白秋が新生を得た三崎での9か月

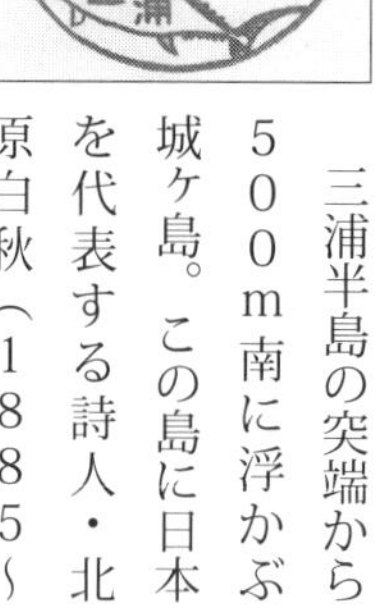

三浦半島の突端から500m南に浮かぶ城ヶ島。この島に日本を代表する詩人・北原白秋（1885〜1942）の歌碑がある。その名も「城ヶ島の雨」という歌で、作詞した1913（大正2）年当時、白秋は対岸の三崎の町に9か月間だけ住んでいた。

取材前に白秋の詩歌集をめくってみた。「草わかば色鉛筆の赤き粉のちるがいとしく寝て削るなり」。何てナイーブな感性なのだと、中学の国語の授業で感動した覚えがある。しかしこの詩を書いた同時期、隣家の人妻・俊子と関係を持ち、姦通罪で収監されたことは、授業では教えてくれなかった。隣人は離婚同然の夫婦で、2週間ほどで放免されたが、白秋の公的イメージと姦通罪に大きなギャップがあったことは想像に難くない。名声は地に堕ち、当時発表した歌集の巻末で「わが世は凡て汚されたり、わが夢は凡て滅びむとす」と悲嘆に暮れている。

死を考えて訪れたのが三崎だった。けれど死に切れず、俊子と結婚して三崎で暮らし始める。そんな時、芸術座から依頼されて作ったのが「城ヶ島の雨」だ。「雨は真珠か夜明の霧か　それとも私の忍び泣き」と、自身の絶望も込めたような歌詞である。しかし後半には「舟は櫓でやる櫓は唄でやる　唄は船頭さんの心意気」と力強い歌詞も見られる。

歌碑のそばに建つ白秋記念館では、白秋の創作ノートなど貴重な資料を見ることができる。ガイドを務める田中健介さんは、三浦で教員生活を終えた後、白秋ゆかりの地を訪ね歩いた。偶然、白秋と俊子が住んだ見桃寺（けんとうじ）の一室に居住したこともあり、「決して贅沢な住まいじゃなかったですね」と振り返る。「白秋がいた頃の三崎は漁師がほとんどで、本など読まないしテレビも無い時代だった。皆、白いシャツのインテリが来たとは思っていたけど、白秋や事件のことは知らなかったようです」。そうした土地柄も安心感を与えたのだろう。白秋は漁民や農民の素朴な生き方に力を得て、去っていく。９か月間の体験は歌集「雲母集」として結実。三崎以降の仕事には力強さが増し、白秋は57年の生涯で３人の妻を得ている。俗な感想で申し訳ないが、人生の破滅と思うほどの悲劇も、時が解決するもんだなと、ちょっと微笑ましくもある。

上：歌碑は生前の白秋の希望で、帆掛け舟形の石で1949（昭和24）年に作られた。奥の建物が白秋記念館。
中：城ヶ島灯台は1870（明治３）年設置の日本で５番目に古い西洋式灯台。現存するのは関東大震災後の1927（昭和２）年に再建された二代目。風景印の日付の11月２日は白秋の命日。
下：昔住んだ見桃寺の前に立つ田中さん。

右：城ヶ島ではおいしそうなイカの生干しが売られている。
左：個人的にはかなり好みだったウツボの唐揚げ丼。

帰り道、波止場に近い食堂・磯料理いけだで珍しいウツボの唐揚げ丼を注文した。身はカジキマグロのように淡白だが、「海のギャング」を食べたと思うと、私にも獰猛な元気が湧いてきた。

◎三浦郵便局
：三浦市三崎町諸磯43-1
◎白秋記念館
：三浦市三崎町城ヶ島374-1

18　本郷台駅前局　地球規模で考える神奈川ならではの施設

ＪＲ根岸線の本郷台駅前に、地球市民かながわプラザ（通称あーすぷらざ、１９９８年開設）という神奈川県の施設がある。ずいぶんとスケールの大きな名前だが、戦争や貧困、地球温暖化など、現代社会が抱える問題を、日本の枠を飛び出して地球規模で考えようという趣旨の総合センターだ。

日頃、社会に役立つ生き方をしていない身ゆえ少し気後れがしたが、「こどもの国際理解展示室」は世界各国の家や店が原寸に近い大きさで再現されていて文句無く楽しい。タイのチャークリン君の家は水害に備えて高床式で、ネパールのアニサちゃんはレンガ造りの4階建てに家族19人で住んでいる…とお国柄が伝わり、無国籍の広場を旅している気分になる。

この日は「せかいのきょうしつ」というイベントを実施中で、ガーナから来日して24年のヤオ・オフェイ・アモアベンさんが歌やゲームを交えて自国の暮らしを語り、40名近い親子連れが熱心に耳を傾けていた。驚いたことに、ガーナでは生まれた曜日で男子も女子も名前が決まることが多いという。私は自分が生まれた曜日など知らなかったが、金曜日だと判明した。ガーナで生まれたら名前は「コフィ」だった。

「日本人は、特に大人は心を開くのが得意じゃないね」とヤオさん。私が育った東京の下町には、30年以上前にイランから大勢、出稼ぎの人がやってきた。全く異なる風貌の彼らに興味津々だったけど、しゃべれずじまい。恥ずかしい話、今でも外国人の前では緊張する。子供の頃、身近にこんな施設があったら、異言語恐怖症も少しは軽減していたかもしれない。

「でもヨコハマは、明るくてガイジンも多くて暮らしや

上：フルーツが豊富なブラジルのマーケット。
下：こじんまりとしたフィリピンのよろず屋。

すい」。そう、それが当施設が神奈川に誕生した理由だろう。国際都市・横浜を抱える神奈川では、外国人との接触が必然的に多い。他県よりも海外に目を向けやすい環境に、こういった趣旨の施設があるのは意義深い。館のスタッフは「小学生の時にここに来た記憶が残って、大人になった時に何かの行動につながってくれたら嬉しい。時間や体力が一番あるはずの大学生や高校生にもっと来てほしい」と声を揃える。

隣の「国際平和展示室」には、1945（昭和20）年8月15日の新聞を始め、日本や世界が経験した戦争の悲劇を伝える展示がある。外国人居住者の相談を受ける窓口もある。向き合う問題はあまりに広すぎて途方に暮れそうになるが……。まずはテーマパークとして楽しんで、心に響いた人が行動に移すきっかけの場になればいいと思う。

【後日談】 あーすぷらざでは最近、外国映画の上映に力を入れているそう。せかいのきょうしつは神奈川県在住の幅広い国の出身者をゲストに迎えて好評継続中。

上：高床式のタイの住宅。1階は駐輪場になっている。
下：「せかいのきょうしつ」は月1回のペースで開催。

4階建てに大家族が暮らすネパール。

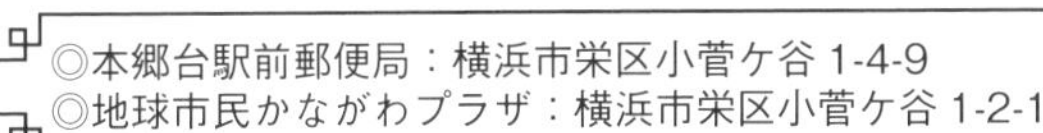

◎本郷台駅前郵便局：横浜市栄区小菅ケ谷 1-4-9
◎地球市民かながわプラザ：横浜市栄区小菅ケ谷 1-2-1

19　川崎大師局　徳川将軍も祈願した厄除の川崎大師

もういくつ寝ると、お正月。初詣は川崎大師に行かれる読者も多いだろう。くずもち屋の呼込みや飴切りの音で賑やかな参道にあるのが、川崎大師局。富士山も入って正月にぴったりのおめでたい図案だ。

では左の石標は何かというと「こうぼう大し江のみち」と書いてある。まだ多摩川に橋が架かっていなかった江戸時代、今の六郷橋のところには切手の浮世絵のように渡し舟が通っていた。江戸から来た旅人が川を渡り、川崎の宿場に着こうとしている。真っ直ぐ行くと東海道、左へ行くと川崎大師平間寺。石標はそれを示す道標で、万年屋という茶飯屋の傍らにあったとされ、広重が描いた範囲内にきっとあったはずだ。第二次世界大戦後に川崎大師の境内に移されたが、以前これを探してウロウロしてしまったことがある。というのも、大切な文化財ゆえ、正月など屋台が多く出る時期はベニヤ板で四方を保護しているから、それとは気づかないのだ。

川崎大師は、無実の罪により尾張を追われた平間兼乗という貧しく正直者の漁師が、夢のお告げに従い夜の海で大師像を得て、１１２８（大治３）年に高野山の尊賢上人と力を合わせて建立したのが始まり。この時、兼乗が42歳だったというのがポイントで、厄除大師として名高い由緒である。およそ２００年前の１８１３（文化10）年には十一代将軍家斉まで厄除祈願に訪れた記録がある。将軍にも個人的な悩みがあったのだろうか。42歳の厄年というのは、男子にとってかくも脅威ということだ。

と、くどくど書いたのは、何を隠そう私自身、２０１２年が数えで42歳の本厄だったからだ。私は歴史街歩きの講座を持っており、今年1月にはそれにかこつけて2回も川崎大師に詣で、生徒さんにも厄除を願ってもらった。しかし正式な厄払いは時間が無くてできなかった。

結果、どんな一年だったかというと、①急な引越しを強いられた②雑誌で長年なじんだ担当者が異動し、妙に敵対心の強い女性が後任に③足の小指を剥離骨折…などなどは中途半端な祈願しかしなかったせいだろうか。しかし①の新居はそれなりに快適だし、②は奥の手を使って担当者を替えてもらった。③は本格的な骨折でなかっただけマシと考えれば、厄年にしては痛手は少ない方か。これも皆で川崎大師に祈ってもらったご利益かもしれない（まだ後厄があるけど）。

まあ、どうにか今年も無事過ごせたなと思える今の季節が好きである。皆さんはどんな一年でしたか？　どうぞ良いお年をお迎え下さい。

現在の六郷橋から望む富士山。冬の晴れた日はきれいに見える。

街の地図には風景印のようなイラストが見られた。

右：こちらが普段の様子。1663（寛文3）年建立。
左：ベニヤ板でガッチリ保護。この中に道標が。

大本堂から大山門方面。正月の川崎大師は日が暮れてからも参拝者が絶えない。

◎川崎大師郵便局
：川崎市川崎区大師町 4-32
◎川崎大師平間寺
：川崎市川崎区大師町 4-48

20 横浜山元町局

歳月刻むわが国最初の近代競馬場

冬晴れのある日、根岸競馬記念公苑で馬の試乗会をしていたので、41歳にして生まれて初めて馬に乗った（といっても手綱で引率してもらうのだが）。乗せてくれるのはダンサーという20歳くらいの牡馬。係員さんに「お腹を触ると嫌がるので」と言われて注意してまたがる。雨上がりでぬかるんだ馬場をぽっくりぽっくり歩いていく。「馬に乗ったら天下をとった気分になった、という人もいましたね」と係員さん。そこまで大それた気持ちにはならないけど、確かにこの位置だからこそ見える景色があるのかもしれない。1周して降りると「普段は荒っぽいんですけどね」とも言われた。どうやら乗り手の臆病を察して穏やかに歩いてくれたらしい。こころなしか、目が笑っているようにも見えた。

例年1月、府中の東京競馬場で開催する「根岸ステークス」の名は当地に由来している。横浜・山下町には幕末から明治にかけて外国人居留地があり、1862（文久2）年には今の中華街辺りで競馬を楽しんだ記録がある。その定期開催場所として1866（慶応2）年に整備されたのが根岸（横浜）競馬場で、日本で最初の近代競馬場だった。当時は生麦事件が起きた後で、一部の攘夷派と居留人との衝突を避けるなどの理由で、東海道

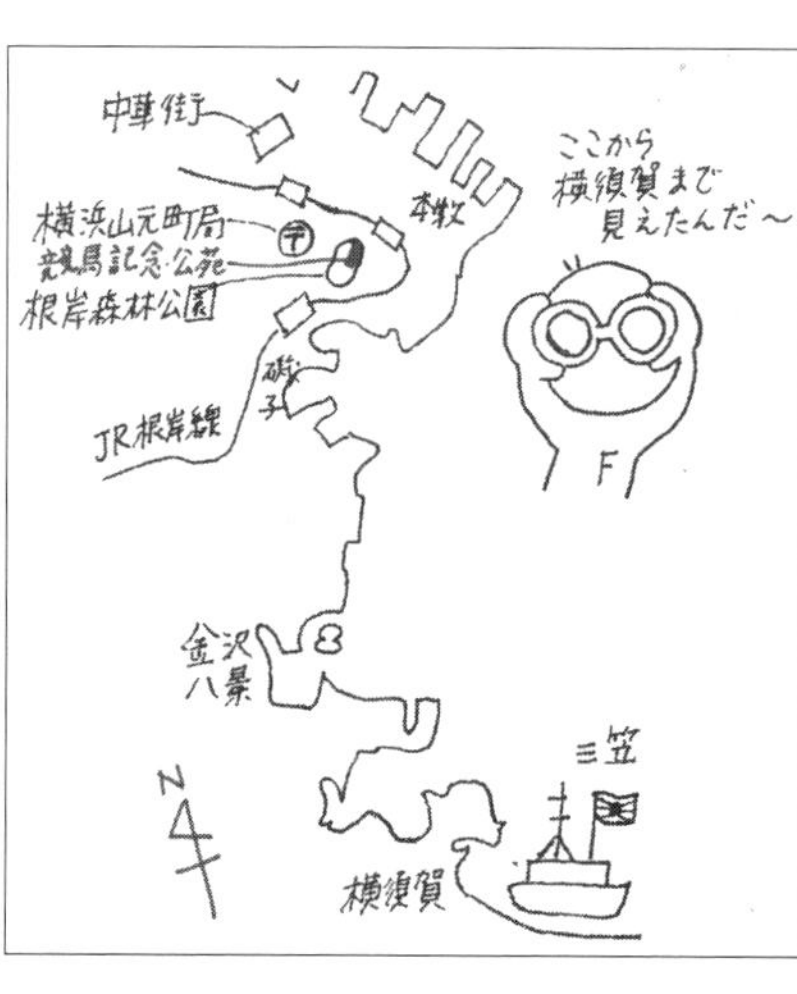

から離れた根岸の地が選ばれたそうだ。

明治天皇は競馬観戦が大好きで、13回も行幸している。今の天皇賞や皐月賞が生まれたのもこの場所で、要は日本の近代競馬の礎を築いたのがここ根岸なのだ。しかし戦局の進んだ１９４２（昭和17）年、競馬場は閉鎖され、翌年土地は旧帝国海軍に明け渡される。ここからは横須賀の軍港が遠望できる危険があり、軍艦の陣容などが外部に漏れるのを防ぐためだった。終戦後は連合軍が接収し、ゴルフ場や駐車場などに利用。１９６９（昭和44）年にようやく日本に返還されたものの、もう二度とここで競馬が開催されることはなかった。理由があって選ばれた高台の立地が、予想外の運命へと導いたのだ。

風景印の奥に特徴的な形状の建物が見えるのは、１９３０（昭和５）年に完成した一等馬見所（観覧席）で、今も公苑から根岸森林公園を挟んだ西方にそびえている。横浜山手にあるベーリック・ホールと同じ米国人のＪ・Ｈ・モーガンが設計を手がけた、３つの塔と丸窓を持つ瀟洒なデザインだ。旧帝国海軍はこの建物を印刷工場として使用したため、連合軍も機材を継承して地図などを印刷した。日本返還後はほぼ手付かずで、ツタが絡まり放題の外観が歳月を感じさせる。流転の半生を過ぎて静かな老境を迎えた人間のような佇まいだ。金網が張り巡らされ、中には入れないが、見応えのある建築遺産。当地を見学した後で根岸ステークスを見れば、競馬観戦も一層味わい深くなるに違いない。

上：馬上からだけ見える景色がある？
中：今は家族連れが遊ぶこの広場（根岸森林公園）の外周が、かつてはダートコースだった。
下：建設から90年近く経った一等馬見所。遠くに見えるみなとみらいの景色と好対照。

◎横浜山元町郵便局
：横浜市中区山元町 2-95
◎根岸競馬記念公苑
：横浜市中区根岸台 1-3

21 横浜貯金事務センター内局（廃局）

町の結束強めた春節

威勢のいい爆竹音が鳴り響く中、竜や獅子が舞い踊り、カラフルな伝統衣装に身を包んだ皇帝や妃がパレードする。横浜中華街にひと月遅れの正月＝春節がやってくる。

今回ご覧に入れる風景印には、春節の獅子が描かれている。スタンプだと今ひとつ表情がわかりづらいが、実物を見ると目がクリッとして、ずいぶん愛らしい。獅子は怖い顔で子供を泣かすのではなかったか、いやあれは秋田のなまはげか……と混乱する私に「中国では獅子は神の使いのエンジェルで、頭を噛んでもらうと厄祓いにもなる。怖いイメージは全く無いよ」と教えてくれたのは横浜中華街「街づくり」団体連合協議会会長の林兼正さん。１９８６（昭和61）年に中華街で春節を始めた生みの親である。

話を聞くと、私の無知は他にもあった。そもそもパレード（祝舞遊行）はイベントを盛り上げるための横浜中華街独自の趣向。実際の中国の春節は、日本でもかつて見られたように、獅子が一戸一戸を訪ねて新春を祝い、農作物の豊作を祈る。爆竹には「邪気を払う」「発展する」などの意味合いがあり、春節や誕生日などの祝い事には必ず鳴らすという。

およそ30年前、街を活性化するイベントを望む声が挙がった時、林さんは単なる客寄せじゃなく、中国の伝統を伝えるものをやるべきだと主張し、春節が始まった。一方で中国華僑と台湾華僑の軋轢を修復したい思いもあった。「正月ならイデオロギーに関係なく誰でも祝うからね」。春節を通して両者の友好は進んだ。

もちろん30年ほどの間には問題もあった。メンバーが休むためにバイトを雇いたいと言い出したり、観光客を呼ぶために土日に開催すべきだとの意見も起こった。その度に林さんは「自分たちでやるから意味がある」「客寄せのために勝手に正月を移すな！」と叱咤し続けてきた。お陰で当初は獅子に頭をかまれ、髪が乱れて困惑顔だった日本人たちも、近年は自分から頭を差し出すようになってきて、風習が根付いてきた手応えがある。後進にも新奇に走らず、伝統を伝え続けてほしいと林さんは願っている。

　ところで風景印を掲載した横浜貯金事務センター内局は、２００３年に横浜山下町南局と改称した後、05年に廃局になったため、残念ながらこのスタンプは現存しない。当時気づいていれば、獅子の切手に押していたのに……と悔やむのもまた、マニアの醍醐味だったりする。

上から
・扇を持って艶やかな舞を披露するのは横浜中華学校の生徒たち。写真撮影する人で押し合いへし合いになる。
・赤い顔と長い髭で皇帝に扮する林さん。
・将軍は勇ましい棒術を見せる。
・カラフルな竜も舞う。

愛くるしい獅子は二人一組で演じる。店頭に用意した祝儀袋を獅子が食べると、その店は１年繁盛するという。

◎横浜貯金事務センター内郵便局
※現在は営業しておらず、風景印も存在しません。

22 川崎溝ノ口局　異端の才・かの子が見つめた多摩川

渋谷方面から東急田園都市線に乗っていくと、多摩川を渡りきった右手の堤防際に、真っ白な鶴が羽を広げたようなオブジェが見えてくる。岡本太郎が1962年に、亡き母・かの子に捧げた文学碑「誇り」である。

かの子は1889（明治22）年に二子に生まれ、生家の大貫家は大事主だった。女流作家として小説や短歌に才気を発したが、それよりも厚化粧とエキセントリックな性格や、夫の一平とともに異性関係が派手であったことの方が有名かもしれない。13歳で都内の女学校に入るまで、文学好きの兄・雪之助の影響を受け、早熟な少女時代を過ごしたのがこの二子なのだ。

高津区文化協会会長の鈴木穆（あつし）さんは最初、地元の文化人でも益子焼創始者の濱田庄司に関心があった。その濱田の回想記に、少し年長のかの子に言われた通りに書道を書いたら、成績が甲から丙に落ちたとあった。彼女の独創性が少女時代から発揮されていたことが窺えるエピソードだ。さらに大貫家が出資していた高津銀行が1911（明治44）年に倒産したことがかの子の人生を

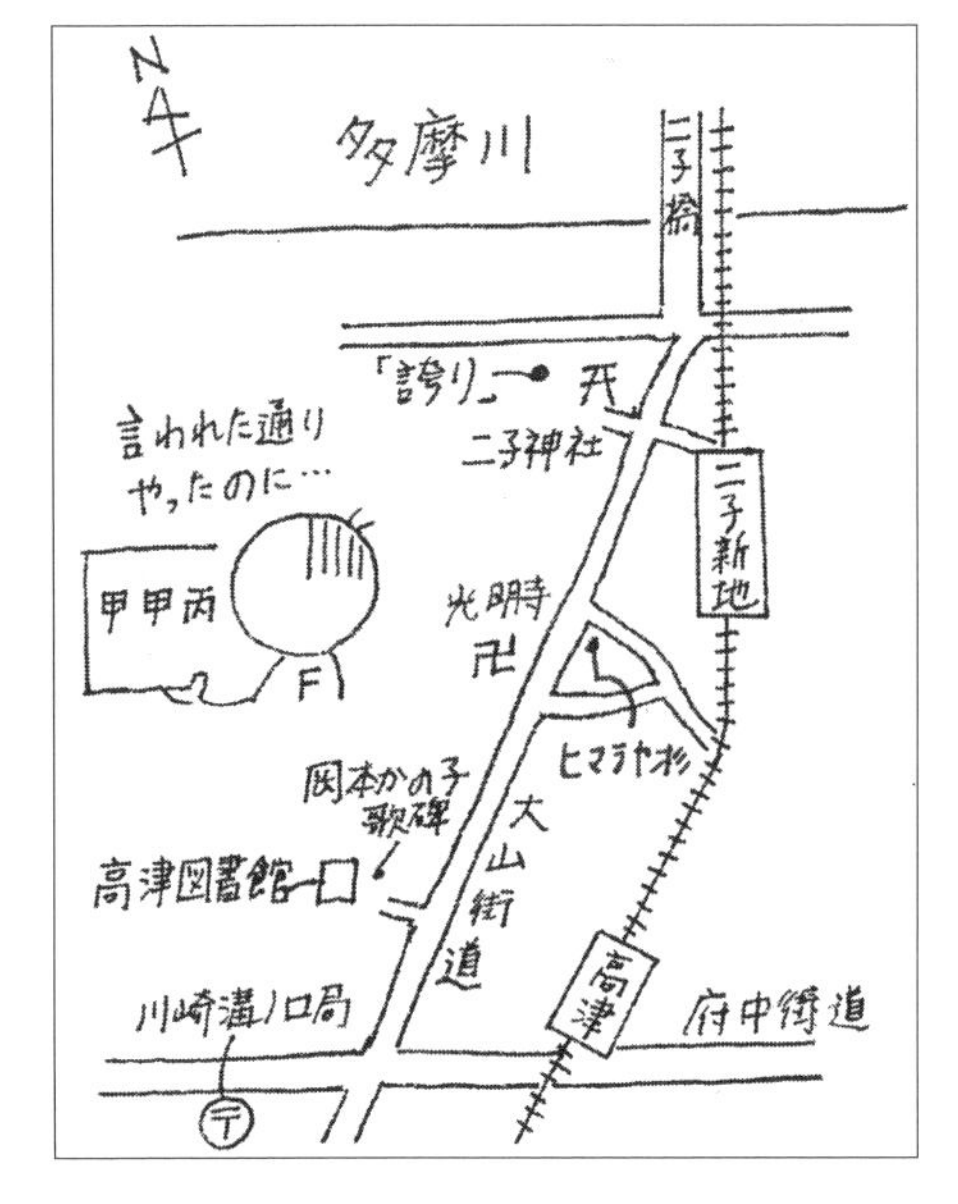

大きく狂わせるのだが、何を隠そう鈴木さんの本家がその経営者だった。いやが上にも、かの子への関心は高まっていった。

かの子が1939（昭和14）年に永眠した後も、弟が開業した大貫病院が平成以後まで二子に存在していた。鈴木さんは、かの子が渡欧したときに携行したトランクなどを借りて、地元デパートで業績を伝える展覧会を開いたこともある。ただ太郎が「芸術は爆発だ！」で有名だったこともあり、一族に好奇の目を寄せる人たちもあった。「誇り」が完成した当時も、異形のオブジェに心ない悪口も出たという。

けれど鈴木さんは、著述を読むほどに、かの子や太郎の才能を思い知らされていた。異端でも、才能は正当に評価されるべきだと感じていた。だから1986年に川崎溝ノ口局でこの風景印を使い始める時、「鳥とか富士山とか余計なものは要らないから、文学碑と二子橋だけをシンプルに描いてほしい」と要望した。当時、この郵便局の局長を務めていたのが鈴木さんだったのだ。

平成になり、大貫病院は廃業してマンションに変わった。遺品がしまわれていたと思われる蔵も取壊され、かの子が育った二子は急速に遠くなりつつある。鈴木さんも定年で局長を辞した。けれどどこのスタンプはいつまでも変わらず、二子がかの子の町であることを伝えくれればいいと願っている。風景印にはそんな存在意義もあるのだ。

蛇足だが、風景印を押した切手は岡本太郎がデザインしたもの（スタンプの2月18日はかの子の命日）。天から舞い降りた太郎をかの子が受け留めているように見えるのは私だけだろうか。

上：江戸時代から栄えた大山街道。大貫病院跡地には当時を知るヒマラヤ杉だけが残る。
下：大貫病院跡地斜向かいの光明寺には大貫家の墓所がある。奥が雪之助の墓。

◎川崎溝ノ口郵便局：川崎市高津区溝口 3-15-12
◎岡本かの子文学碑「誇り」
：川崎市高津区二子 1-4-1 二子神社境内

23 小田原局

戦国武将・北条氏 百年の夢の跡に梅の花

いつ見ても白壁の天守閣が美しい小田原城。中世に大森氏が築いた山城を、15世紀末頃に戦国武将の北条早雲が奪い、拡張した。以来約1世紀に渡り関東地方を征し、上杉謙信や武田信玄の攻撃も跳ね返したが、1590(天正18)年に全国制覇を目論む豊臣秀吉軍に追い込まれる。

小田原城歴史見聞館では、そうした歴史をミニシアターなどで学ぶことができる。3か月間城に籠もって防戦した北条氏だが、早川を挟んだ場所に一夜城を築かれるに至り、五代氏直は降伏を申し出る。かくして北条氏100年の夢は幕を閉じたのである。

そうした歴史を知った上で天守閣を見学すると、味わいも一層深くなる。展示室には氏直が秀吉の家臣に取り成しを依頼した書状や、秀吉からの宣戦布告状などがあり、最上階の廻縁(まわりえん)からは一夜城の方角も望める。ある朝突如、敵軍の城が築かれていたショックはいかほどだったろう。氏直が降伏したため、小田原城はほぼ無傷で徳川家康の腹心・大久保氏に引き継がれ、1870(明治3)年に取壊された。現在の天守閣は1960(昭和35)年に再建したもので、2016年には耐震工事や修復が完成し、リニューアルオープンした。

風景印にもあるように、小田原城には梅が似合う。小田原駅前に本店を構える「ちん里う本店」は1871年に開業した梅干の老舗。始祖の小峯門弥は幕末期の城主・大久保忠禮に仕えた料理人頭だった。海外の料理法を学び、黒船を接待する料理も作ったと伝わるなど、先進的な人物だったらしい。明治に入りお暇を受けて料亭を開業。高床式の座敷の下に小川が流れる凝った仕組みで、「座敷に横になると流れに枕するようだ」との意味で忠禮が「枕流亭」と屋号を授けたのが店名の由来だ。

店には創業以来毎年漬けられた梅干の瓶が並んでおり、その歴史に感嘆する。使うのは曽我の梅農家が作る皮が薄くて果肉が豊富な「十郎梅」。塩だけで漬けた昔ながらの梅干が今でも味わえる。昨今は塩分を控えた調味梅干が幅を利かせるが「保存料を使ったものをたくさん食べるのと、梅と塩だけで作った本物の梅干を1日1個食べるのと、どちらが体にいいでしょう？」と代表取締役社長の小峯孝子さんは問いかける。江戸時代の旅人も、このしょっぱい梅干のおむすびで疲労を回復して、箱根を越えたと聞けば元気が湧いてくる。

かように梅と縁の深い小田原だが、その始まりは北条氏に遡る。梅の効用に目をつけた初代早雲が、城内や士族の屋敷に植えさせ、梅干を作って戦時の携帯食にするとともに花を愛でたのだ。戦国の世に散った北条氏だが、風雅な梅を後世に残してくれた。

上：早咲きの桜も咲いていた。
下：天守閣の城壁に映える梅の花。城内には約250本の梅が咲き誇る。

右手は1854（安政元）年に日本酒の蔵元が作らせた大樽。それを受継ぎ、1869（明治2）年に手直しをして梅を漬けていた。約3500kgの生梅を入れ、約630kgの塩で漬けた。

始祖の門弥が漬けた1834（天保5）年の梅干しもある。すっかり乾燥しており、「少し揺らすと崩れて粉になってしまうので、持ち運びには向きません（笑）」と小峯さん。

◎小田原郵便局
：小田原市栄町1-13-13
◎小田原城天守閣：小田原市城内6-1
◎小田原城歴史見聞館
：小田原市城内3-71
◎ちん里う本店小田原駅前本店
：小田原市栄町1-2-1

24　茅ヶ崎海岸局　夫婦で育んだ副社長の椿の庭園

烏帽子岩が目につく茅ヶ崎海岸局の風景印。けれど今回の主役は右上に添えられた椿の花だ。JR茅ヶ崎駅の南口、雄三通りを南下すると、海岸近くに氷室椿庭園はある。2800㎡の広さに約250種1千本の椿が咲き誇る。庭園の主であった三井不動産の元副社長・氷室捷爾さん、花子さん夫妻は1988（昭和63）年、90（平成2）年に相次いで亡くなり、遺族が市に寄贈して、91年10月に一般公開された。

調べてみると氷室さんは、日本初の超高層ビル・霞が関ビルを68（昭和43）年に建設した時の責任者だった。高度成長期を支えた辣腕会社員が頭に浮かぶが、意外にも自宅に部下を招いて酒食を振舞うようなことは、ほとんど無かったそうだ。「無口で社交辞令は大嫌い。でも気難しいのではなく、文化的なことが好きで若い人の研究を支援したりもしていました」と回想するのは、花子夫人の親戚に当たる吉田春彦さん。「育てた鉢植えはお客さんへのお土産にもしていました。どう育てているか見に行くことで、会いに行くこともできてちょうど良かったのでしょう」。

夫妻も研究熱心で、この庭で35種類ほどの新品種を生み出している。屋敷は元は花子さんの実家・吉田家の別荘だった。神田に住んでいた氷室夫妻は戦後、植物を育てたい夫の意向で移り住む。会社から帰るとすぐ作業着に着替え、その姿が堂に入っていたため、来客に「ご当主はご在宅ですか」と聞かれたこともあるという。花子さんは日本画の大家・速水御舟の親戚で、その絵「花の傍」のモデルにもなった評判の和風美人。「お洒落な花子おばさんもモンペを履いて熱心に作業していました。子供がいないこともあり、椿が子供だったんでしょう」と吉田さんは語る。

竹股慶典さん・きみ子さん夫婦は92年から庭園の管理に携わっている（2013年当時）。遺品は遺族が引き取ったが、氷室夫妻が椿の交配の記録を丁寧にメモしたわら半紙やノートの切れ端などが今も庭園に残されている。温暖な茅ヶ崎は椿に適した土地に見えて、実は海岸に近い砂地のため、かなり土の改良が必要だそうだ。そこで30を超える品種を生み出した情熱は相当なものだったろう。公の場を離れ、大切に育んだ2人の空間が、この椿の庭園だったのではないかと想像する。

残されたメモのうち、竹股さんが来た時にはもう枯れていた品種もある。古木になり、挿し木で繁殖を試みると、不思議と交配前の花色に戻ってしまうこともあり、交配種の保存は難しいという。それでも竹股さんら職員が絶やさぬように苦心しているお陰で、氷室夫妻が生み出した品種の大部分を、今も見ることができる。夫妻の静かな暮らしに思いを馳せながら椿を観賞するのもいいだろう。

庭園の奥には氷室夫妻が住んだ木造2階建ての家屋が今もある。1935（昭和10）年建築の日本家屋を増築したりしながら終生大事に使った。

上：夫妻が特に愛した「氷室雪月花」は、桃色の地に赤い絞り模様がある。「大きさはあるけれど開きすぎず、色にも形にも気品を感じます」と竹股さん。
下：「日の丸」は真っ赤な花の中心に黄色い雄しべ雌しべが丸く並ぶ。

◎茅ヶ崎海岸郵便局
：茅ヶ崎市東海岸北1-5-2
◎氷室椿庭園
：茅ヶ崎市東海岸南3-2-41

25 川崎 宿河原局

◎川崎宿河原郵便局：川崎市多摩区宿河原3-3-13

今年はどこの桜を見に行こうかと、気もそぞろになる季節がやってきた。近年、人気が高まっているのが、川崎市を流れる二ケ領用水宿河原堀の桜並木。江戸時代初頭、多摩川から農業用水を引くために開削し、60もの村々を潤した。三代将軍家光は当地でとれる稲毛米を大変気に入ったという。

　となると、この桜並木も江戸時代からあったのだろうと、「花咲か爺さん」切手のような光景を思い浮かべるが、植樹が始まったのは1960（昭和35）年のこと。市内井田堤で河川改修に伴う伐採計画があった桜を移植し、増やしてきたのだ。生活排水や工場排水が流れ込み悪臭を放った時期もあったが、地元住民の努力や工場の撤退などもあり、現在は桜が似合うきれいな用水に戻っている。

30 横浜 桂町南局

◎横浜桂町南郵便局：横浜市栄区桂町197-1

新興住宅街の外れから、昔は農道だったという一本道を15分ほど進んだ奥に荒井沢市民の森がある。近年は野生のホタルが見られる貴重なスポットになっている。

　戦前は農業や林業で生計を立てる村だった。だが高度成長期、高速や新幹線建設に使う山砂採取のために山林を削り、田畑は放置され、不法投棄が横行した。1996年に市民の森制度を受け、住民たちの協力で自然が戻ってきた。私も2010年の6月、あてずっぽうで出かけたことがある。あと10分したら諦めようと思ったその時、ベンチに置いた手の傍に虫がとまった。やがて視界に広がる闇のあちこちで緑の光が明滅し、ふわっと移動する光に手を差し伸べると、光が近寄ってくる。東京育ちの私は感動でしばらく放心していた。

26 大和つきみ野局　石器人も認めた住みよいこの街

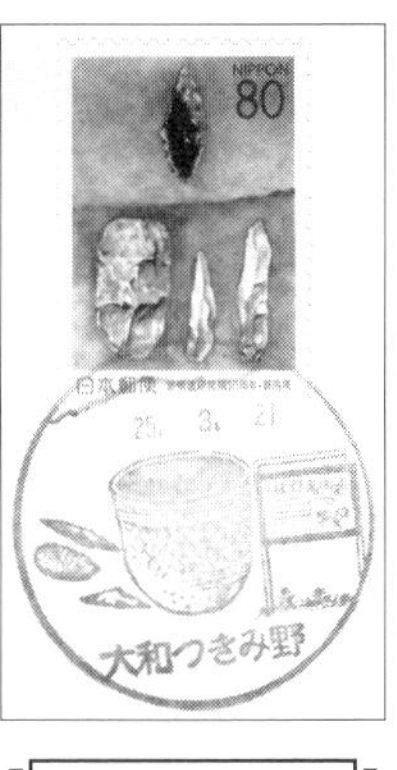

◎大和つきみ野郵便局：大和市つきみ野 6-9-5
◎つる舞の里歴史資料館：大和市つきみ野 7-3-2

図案の「日本最古級の石器や土器」に興味を引かれて大和市つきみ野へ。中央林間駅から東急田園都市線で1駅の内陸部に、約2万年も前にヒトが住んでいたなんて意外な話だ。

理由はつる舞の里歴史資料館職員（当時）の前川昌之さんが教えてくれた。「この辺りは『林間』の文字通り、古代から森林が発達していて野獣から身を隠しやすかったのと、水害が無いので竪穴式住居を作るのに適していたようです」。住みやすかった証拠に、１９７０年代の発掘調査では古代人類の痕跡が10段階もの層になって現れた。これは１９４９（昭和24）年の群馬県岩宿遺跡発掘以来、推定だった石器や土器の発達段階を確認するのに大いに貢献した。「考古学の世界では同じ頃に発掘された調布市の野川遺跡とともに、『つきみ野・野川以前と以後』を分けて考えるくらい有名なところなんです」と前川さん。

当地は１９２９（昭和４）年の小田急江ノ島線の開通で大きく変貌する。小田急は田園調布の神奈川版として約80万坪の「林間都市」を計画。ハイカラな洋風住宅を分譲した他、松竹撮影所や相撲力士養成所などの誘致に動いた。戦局が悪化し計画は頓挫したが、戦後はベッドタウンとして発展し、１９７６年には東急も開通。住みよい土地は21世紀も健在だ。なお、つきみ野という地名は、東急が開通する頃までは一面に月見草が生えていたからだというが、今は見られない。

月見野遺跡群上野遺跡からは縄文時代の隆線文系土器片が完全に復元できる状態で２個体分発掘された（大和市教育委員会所蔵）。

林間都市区割平面図。駅前広場を中心に格子状の街路や区画が伸びている（大和市教育委員会所蔵）。

27 藤沢南口局　市民の手で藤色の街をもう一度

藤沢っていうくらいだからフジの名所なんだろうと、軽い気持ちで出かけて去年（2012年）は失敗した。これは私の日頃の行ないが悪いわけではなく、昨年は花期にひょうが降るほどの冷え込みがあり、花のつきが特別に悪かったのだそうだ。それとともに、きれいな花が咲く陰には市民の努力があることも知った。

藤倶楽部の代表・山下國雄さんが家の藤棚にぶら下がって遊んでいた1960年代、近所には当たり前にフジが咲いていた。ところが高校を出て地元を離れ、40年ぶりに戻ってくると街から藤色が消えていた。せっかくの市の花を活かして魅力的な街づくりをしたいと市の生涯学習大学で呼びかけ、2008年に発足した有志団体が藤倶楽部だ。メンバーで市内の全公園約300か所を調査すると、約80に藤棚があったものの、咲いているのは30程度。まずはこの再生が課題となった。幸い市内でフジを育てて60年のフジ名人・端山照次郎さんと知り合い、市にも働きかけて、業者や市民に向けて講習会を開いた。

他の花と比べてもフジは手間のかかる花だそうだ。蔓は放っておくと上へ上へ伸びようとするため、「下方誘引」が欠かせない。葉芽や花芽を程よく摘むのも重要で、ほぼ1年中丹精込めて初めて1m以上の立派な花房が育つのだ。栽培に関しては素人だった藤倶楽部も、市役所にある3つの藤棚は自分たちで養生した。すると全く花のつかなかった株が、翌年見事に花を咲かせた。通りすがりの市民たちが次々とシャッターを切る姿に手応えを感じた。

メンバーの多くは会社勤めや子育てを終えたシニア層だ。記録や会計、渉外など役割を分担し、時には議論で熱くなる。5年間を通じ、それぞれが人間的に成長したと実感している。「この歳になって素晴らしい仲間と出会えて、企業戦士として全国を飛び回っていた頃とは全く違う喜びがあります。人間も花も地球の一員なんだなって感じます」と山下さん。

市の東には境川、西には引地川が並行して走る。その沿岸の名所をつなぐ「フジロード構想」は、マップを市で配布し実現しつつある。「樹齢何百年という名木は無いけれど、街を巡ったらフジを十分堪能できるような、市全体で一つのフジの名所にしたいんです」。街が美しくなれば住民の地元に対する意識も向上するし、外から人もやってくる。藤沢に藤色の回廊ができる日も、夢物語ではなくなってきた。

端山藤園のフジ。長い房は1m以上もあり、まるで簾のよう。お見事！

【後日談】 この記事掲載直後、藤沢のフジに再挑戦。公園とともに、山下さんたちが育てた市役所前のフジも立派な藤棚になってい た。念願のフジ名人・端山さんの庭も見ることができた。1968（昭和43）年から育ててきた庭はまさにフジの楽園だった。

一方「フジロード構想もだいぶ進展がありました」と山下さん。新林公園に藤棚を2か所追加した他、1本立ちのフジや白いフジの植樹も計画。駅から近い公園にフジの拠点ができた。2017年現在、藤沢市の新庁舎を建設中で、新たに3か所に藤棚が設置される予定。藤色の街は着々と広がっている。

上：引地川親水公園の藤棚は遥か遠くまで続いている。
下：山下さんたちが育てた藤沢市役所前の藤棚。庁舎の新築に伴い新たな藤棚ができる。

◎藤沢南口郵便局
：藤沢市鵠沼花沢町 1-4
◎引地川親水公園
：藤沢市大庭字中沢 6510

28 横浜北方局　神奈川を愛した国民的作家

横浜北方局の風景印に描かれている洋館風の建物は、港の見える丘公園にある大佛次郎記念館である。この館で、没後40年特別展「大佛次郎と神奈川・未来へのメッセージ」が始まったので見学してきた（2013年当時）。1897（明治30）年に横浜市英町（中区）で生まれた大佛は、6歳で東京に転居するも、大学卒業の年に結婚すると鎌倉に移り住む。やがて売れっ子作家になると、横浜港に面したホテルニューグランドの一室に仕事場を据え、鎌倉と横浜を行き来するようになる。エキゾチックな横浜に惹かれ、史料を集めて幕末から明治維新期の横浜を学び直し、「私ほど横浜に溺れて、横浜の小説を数多く書いたものは他にはいない」と記すほどだった。今回の企画展はそんな大佛と神奈川の関係に焦点を当てている。

面白いのは鎌倉に移住したばかりの新婚時代の資料だ。大佛は登里夫人と「マリコン条約」なるものを原稿用紙にしたためている。マリ（フランス語で夫）とは大佛、コンとは夫人の愛称で（とりこ、とりこん、とも呼んでいた）、大作家の甘い生活が伺える。第一条は「マリハ月毎ニ金五百円ノ収入ヲ作ル」で、うち弐百円は生活費、弐百円は貯蓄、百円はマリの機密費だそうな。作家になった当初は生活が不安定で、鎌倉内で住居を10か所以上転々としたらしい。風景印や切手が好きな私は博物館を見学しても郵便史料に目が向くのだが、大佛夫妻が鎌倉内をどう移動したのかは、残された手紙の宛名と消印の日付から割り出すのだと副館長（当時）の福富潤子さんが教えてくれた。

彼は愛猫家としても有名で、生涯に500匹を超す猫を飼った。1973（昭和48）年4月30日、東京・築地の病院で息を引き取ると、亡骸を乗せた車はホテルニューグランドに立ち寄り、最後の別れを告げてから鎌倉の自宅に帰った。その晩写された猫の写真もあるのだが、所在なさげな猫の表情が胸に迫る。

生前、彼はエッセイなどで神奈川に対する提言を行なっていた。「大佛は史伝を書くにしても、一人のヒーローにスポットを当てるのではなく、群像劇の形式を取っています。常に市井の人の目線で物事を考えていたんだと思います」と福富さん。そんな大佛が横浜について望んだのは、自由で明るい街の気風を生かし、特色ある都会になることだったという。作家が愛した横浜は、没後40年の間にみなとみらい地区を始めとして大変貌を遂げた。この丘から近代化した横浜港を一望して、彼はどんな感慨を抱いているだろうか。案外悪くない評価ではないかと個人的には思うのだが。

上：大佛次郎記念館は 1978 年開館。
下：自宅の書斎を２階の記念室に再現している。

ライフワークとして 1967 年から亡くなるまで書き続けた「天皇の世紀」原稿。読みやすい文字が特徴。

上：兄から届いた葉書。野尻清彦は大佛の本名。関東大震災で家が被災。住所は「旧居の隣り仮小屋」とあり、ちゃんと配達されたようだ（常設展では展示なし。写真は大佛次郎記念館提供）
下：大佛が愛用した「手あぶり猫」。炭を入れてあんかとして使用した。

◎横浜北方郵便局
　：横浜市中区上野町 2-65
◎大佛次郎記念館
　：横浜市中区山手町 113

29 川崎東局　川崎港の人工島に海外郵便の拠点開局

ゴールデンウィーク真っ只中、川崎市臨海部に新たな郵便局が開局し、風景印も整備された（２０１３年）。車を持たない私は川崎駅東口からバスに乗る。賑やかだった車窓の景色は段々と人がまばらになってゆき、巨大なコンビナートが見えてくる。海底トンネルを潜り抜け、倉庫街が広がる東扇島に目的の川崎東郵便局はある。乗車時間40分弱。一般市民はめったに来ないこの島に、なぜ郵便局が出来たのか。

実はここは、一般の利用者が手紙を出したり貯金をしたりするのが主目的の郵便局ではない。日本発着の国際船便郵便物と、全世界から到着するエアメールのすべてを一手に処理することを見据えた郵便局なのだ（開局時には川崎市内、翌年からは横浜・横須賀・三浦市宛ての一部地域国内郵便物も取扱っている）。川崎市は東扇島を物流拠点として活用する事業者を募集しており、郵便ネットワークの再編成に取組む日本郵便株式会社と思惑が一致した。港と空港とインターチェンジが近い東扇島は、物流の拠点としてはうってつけなのだ。

開局前の４月下旬、マスコミ向けの内覧会で局舎内を見学する機会があった。階ごとに業務が分かれており、国際郵便物を扱うフロアでは通関業務も行なう。X線検査をし、５～６頭の麻薬探知犬も常駐するというから、普通の郵便局とはだいぶ勝手が違う。区分機も最新鋭のものを導入し、１日に国際郵便物は約50万通、国内郵便物は約３９０万通を処理する。建物面積は全国の郵便局の中で３番目に広く、ここに集約することで当日配達エリアも拡大する。まさに新時代の郵便局だ。

そう聞くとコンピューターと機械だけが作動していそうなイメージだが、川崎東郵便局では将来的には

1300人もの社員が働く予定とのこと。川崎市もバスの増便などで協力するといい、雇用創出や税収面でも大きな役割が期待されているのだ。

図案には東扇島の形の他、コンテナ船や貨物を積み下ろすクレーンなどが配してある。「この辺にはお城や銅像のような史跡はないもので…」と開局準備室の社員は恐縮していたが、国際貿易港に相応しいデザインだと思う。街中の郵便局のような窓口カウンターは無く、「ゆうゆう窓口」を訪ねればこの風景印を押してもらえる。周辺には大型トラックが多数出入りしているので、通行に注意して集印に出かけてほしい。一味違った風景印散歩になるだろう。

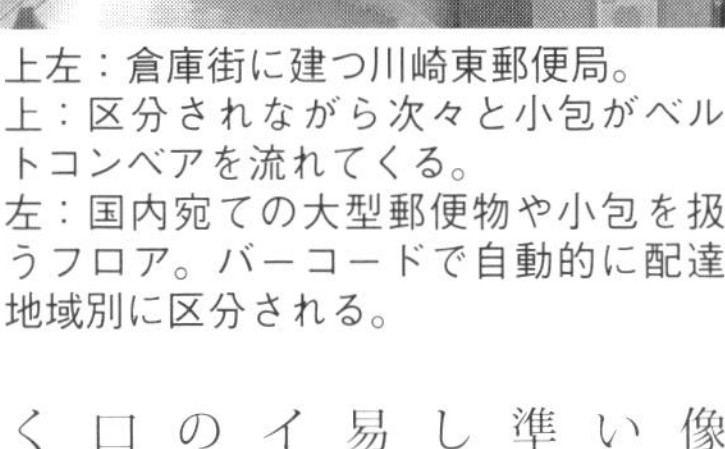

上左：倉庫街に建つ川崎東郵便局。
上：区分されながら次々と小包がベルトコンベアを流れてくる。
左：国内宛ての大型郵便物や小包を扱うフロア。バーコードで自動的に配達地域別に区分される。

上：郵便局裏側は船便郵便物のコンテナ受け入れのため港に面しており、川崎港コンテナターミナルの大きなガントリー（橋脚型）クレーンも見える。
下：麻薬探知犬が検査する部屋。

◎川崎東郵便局
：川崎市川崎区東扇島88番地

31 横浜富岡局　青年野口が世界を夢見た検査室

野口英世（1876〜1928）といえば1歳の時に囲炉裏に落ちて左手を火傷した話があまりにも有名だ。手術を受けたことがきっかけで医学の道に進み、伝染病の研究で世界を転々。3回もノーベル賞候補になるが、51歳で黄熱病にかかり、遥かガーナの地で亡くなった。6月初め（2013年）、第2回野口英世アフリカ賞の授章式があったのでご存知の方も多いと思うが、博士と横浜には浅からぬ縁がある。

1899（明治32）年、野口が22歳の時に5か月間勤務したのが、今の金沢区にあった横浜海港検疫所の細菌検査室だ。現在は周辺を長浜野口記念公園として整備し、検査室は改修して公開している他、隣接する長浜ホールでも関連資料が見られる。丘の中腹にあり、もう少し坂を上ると1・5㎞ほど先に海も見える。団地や工場が連なる臨海部は埋立地で、野口がいたころの写真を見ると、検査室の100m先まで海が迫っていたようだ。任務は沖合に停泊している外国船に小船で渡り、伝染病患者がいないか調査すること。その際にペスト菌感染者を発見した功績で野口は海外に派遣される。要は野口が世界へ羽ばたくきっかけになったのがここ長浜だったのだ。広い海を眺めながら、まだ見ぬ大きな世界に思いを馳せた青年野口の熱き思いが伝わってくるようだ。

だが素晴らしい実績の一方で、野口は借金や女遊びの話題にも事欠かない。長浜に勤務していた時分も仕事用の小船で関内まで繰り出し、遊郭でどんちゃん騒ぎをしたらしい。長浜ホールの長谷良夫館長（当時）は「野口の研究者たちから話を聞くうちに、人間的な魅力のある人物だったことがわかり、いわゆる偉人という見方は変わりました」と話す。

現在この検査室を訪れるのは60～70代の、子供時代に伝記を読んだ世代が多い。近年は偉人伝を読む子供も減ったせいか、かつてほどの知名度は無くなっていたが、2004年に千円札の肖像となり、08年に野口英世アフリカ賞が創設されたことで、再び脚光を浴びている。「来館者ノートには『横浜に長く住んでいるけど、野口博士ゆかりの場があるなんて初めて知った』という感想も多いんです。神奈川県民の方にもっと知っていただいて、誇りに思ってもらえたら嬉しい」と長谷さん。

ちなみに野口の遊蕩癖は父親譲りだといわれるが、その父・佐代助は郵便配達人をしていた。もし今も生きていて、息子の顔が切手や消印になっているのを見たら、どんな気持ちがしただろう。

上：当時は周囲に検疫所の各施設が建ち並んでいた。今は緑に囲まれ、高原のサナトリウムのような印象の旧細菌検査室。
下：検査室には昭和の検疫医官たちが使った実験道具などが展示してある。検疫所は1952（昭和27）年に横浜港に移った。

窓が多く外光が射し込み、明るい動物実験室。建物は戦後放置され荒れていたが、昭和末期に保存活動が起こり、改修後の1997年に一般公開した。

バケツには横浜検疫所の文字が残っている。

◎横浜富岡郵便局
：横浜市金沢区富岡西7-4-12
◎旧細菌検査室：横浜市金沢区長浜114-4　長浜野口記念公園内

32 平塚局

◎平塚郵便局：平塚市追分1―33

第6回で触れたように平塚は1945（昭和20）年の大空襲で大きな被害を受けた。復興を願い、仙台をモデルケースに51年に始めた「湘南ひらつか七夕まつり」は平塚の戦後の歴史そのものだ。50～60年代は臨時列車が出るなど活気のある話題が続き、来場者数は300万人を突破した。近年は不況で閉店する地元商店もあり、200万人台に留まっている。だが2012年の七夕に出かけると、すごい賑わいだった。市民や観光客が願い事を吊るす短冊は例年2～3万枚集まるという。「25年後、金環日食を見れますように」と書いた人は、前年見そびれたのがよほど悔しかったのだろうか。もちろん被災地の復興を願う短冊もある。今の自分の願いは何なのか、ふと考えるひと時を持つのもいいものだ。

33 根岸駅前局

◎根岸駅前郵便局：横浜市磯子区東町13―21

人工的なコンビナートをバックに水着姿の女性がポーズを取っている。数ある風景印の中でもユニークな図案の一つだ。この一見チグハグな組合せには意味がある。

現在、海岸沿いに一大工業地帯を築いている本牧から杉田には、1930年代には12の海水浴場があった。海苔や貝の養殖も盛んで、春には潮干狩り客でごった返した。だが60年代の高度経済成長期、横浜市は埋立てによる工場誘致を推進。行楽地がなくなるせめてもの代わりに、当時の飛鳥田一雄横浜市長が建設したのが、図案の横浜プールセンターだった。それから半世紀が経ち、住民が高齢化する一方で、次世代の転入も目立って来た。海水浴場だったことを知らぬ新世代にも、この風景印が歴史を伝えてくれたらいいと思う。

＊風景印散歩に出かけよう！

本書を読んで興味を持った皆さん、実際に風景印散歩に出かけてみたくなってきたのではありませんか？　これまでの経験を踏まえ、いくつかアドバイスなど…。

■日時と行先を決める

郵便局は本局以外は土日休業なので、平日の散歩が基本です。避けた方が良い日時は、

①金曜日の午後と月末：特にオフィス街では、週内や月内に用事を済ませようと大勢の利用者で混み合います。日本橋のある局では30人以上、局の外まで会社員が並んでおり気絶しそうになったことも。

②昼休み：①と同様、特に駅前局などでは、近くの学生や会社員が昼休み中に私用を済ませようと集中します。駅前局が昼にぶつからないようルートを作りましょう。

③連休明け：①と反対に溜まった用件を片付けようとする人で特に午前中は混みます。

④偶数月の15日：年金の支給日には高齢者が大勢来ます。旅行貯金をしたい方は、15日は避けた方がベター。

④月曜日：私みたいに博物館や資料館に寄りたい方は、月曜休館のケースが多いです。月曜が祝日だった場合は翌火曜が休みという施設も多いので、事前にウェブサイトなどで確認を。

郵便局は駐車場が無いところも多いので、公共交通＋徒歩か自転車やバイクが向いています。集印だけが目的であれば、都市部なら1日で15局程度回ることも可能。のんびり街見物をしたいのであれば、密集度にもよりますが、1日4～6局程度が目安です。

■事前準備は念入りに

私の場合は切手と風景印の図案をマッチングさせたいので、普段からストックしている切手を探したり、無い場合は切手商で購入します。郵便局と見物したい場所を地図にマークすれば、おのずとルートが決まってきます。私の反省からいうと、場所は詳細に調べた方が良いです。同じ番地でも区画が広くて、どの道に面しているか探しているうちにぐるっと1周してしまうなんてことはしょっちゅう。地方に行くほど番地表示が出ておらず泣かされます。地図上でわからないのは高低差で、現地

へ行ってみたら思いがけず長い階段や上り坂で難儀することも。散歩の最後はたいてい閉局時間ギリギリになっているので、この5分、10分が命取りです。本局は17時以降も開いている局が多いので、ルートの最後に配置すると効率的です。

散歩は行き当たりばったりが醍醐味、という方もいるでしょう。ズボラな私も元はそっち派でしたが、風景印散歩を始めてから（心がけだけは）念入り派に変わりました。というのは、いくら調べておいても、現地へ行くとそれ以外にも面白そうなものに必ずと言っていいほど出くわすからです。「きちんと準備して道に迷わなければ、ゆっくり見られたのに……」となるのは極めて残念。それよりは「きちんと調べておいたお陰で、余った時間でおいしいお昼が食べられた！」が理想です。朝も苦手でしたが、開局時間の9時には最初の郵便局にいるように変わりました。

またそのルートで使えるお得な1日乗車券はありませんか？　たとえ数百円でもお金が浮いたと思えば、足取りも軽くなります。

■風景印散歩に必要な道具たち

全国の風景印を収録したカタログがあります。大判の「風景印大百科」（日本郵趣出版）や「風景印２０１６」（鳴美）もありますが、持ち歩くには全国4分冊の「新・風景スタンプ集」（日本郵趣出版）が向いています。必要なページだけコピーすれば、前者でも軽く済みます。

クリアホルダーを用意して、押印台紙を局別に分けて入れておきましょう。私がツメが甘いせいかもしれませんが、1日歩いて頭がもうろうとして、しかも時間に追われてくると、うっかり他の局用の台紙を出してしまったりするのです（嘘みたいな話ですが、仲間にも経験者は多いです）。なので押印台紙は予備も用意しましょう。

クリアホルダーには水濡れ防止の意味もあります。近年、怖いのがゲリラ豪雨。風景印収集のように紙モノには水分は最大の敵です。万一雨に降られても、大きめのビニル袋（レジ袋など）でクリアホルダーごとがっちりくるんでしまえば、リュックサックや鞄に入れていても水分の侵入は防げます。折り畳み傘も常備品です。

あと集印用の丸シールも持ち歩きたいところ。店先や

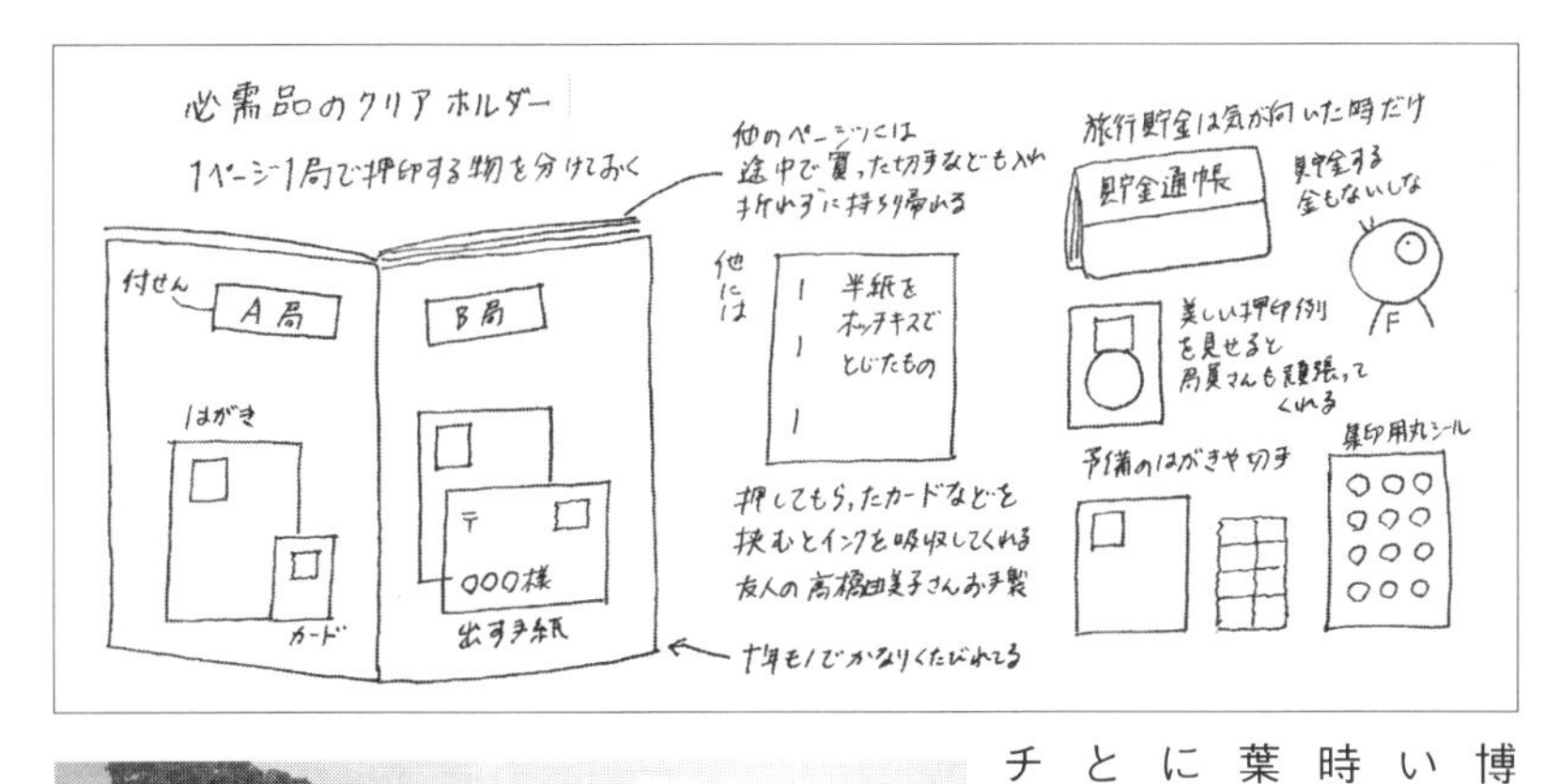

博物館などでちょうどいい絵葉書を見つけた時に集印できます。絵葉書との出会いはまさに現地へ行ってみないとわからず、偶然のチャンスに対応できる

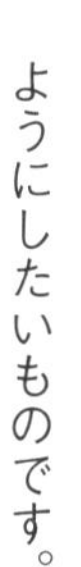

ようにしたいものです。

筆者主催の風景印歴史散歩講座で赤坂迎賓館を見学。誰かと一緒に散歩をすると発見も多い。

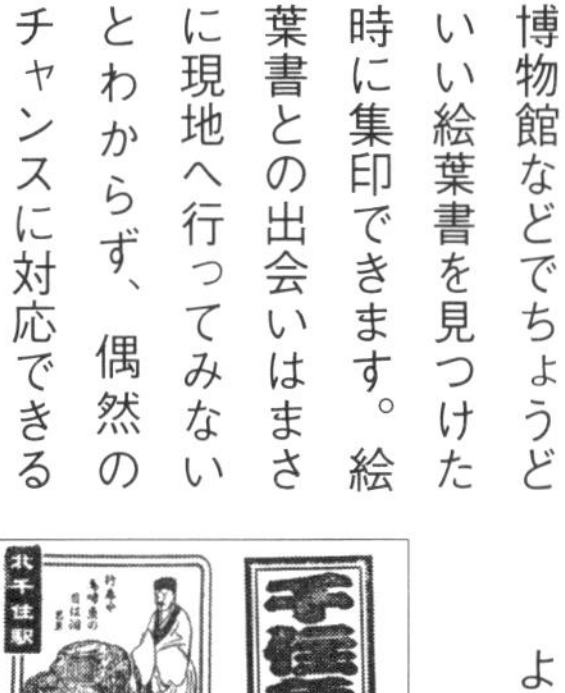

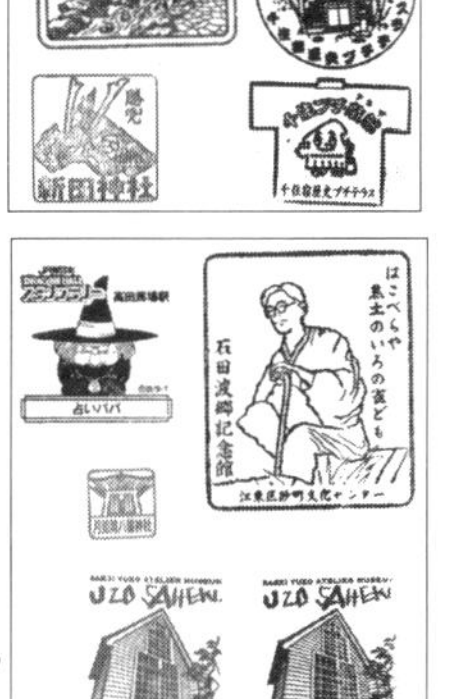

散歩中に見つけた風景印以外の記念スタンプは集印帳に押している。

34 曾我局　駅のひょうたんが結ぶ町民たちの縁

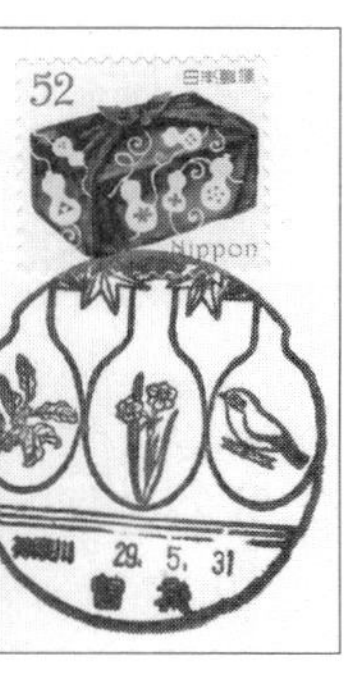

スタンプの左から順にキンモクセイ、水仙、メジロは大井町の木花鳥。でもここで注目して欲しいのは、その3つを囲っているひょうたんだ。ＪＲ上大井駅は「ひょうたん駅」の愛称で知られる。１９７０（昭和45）年、当時の駅員氏が西日にさらされる待合客のためにひょうたん棚を作ったのが始まりで、81年には時刻表の表紙を飾り全国から観光客が訪れた。

97年に駅が無人化した今も、ひょうたん文化推進協議会の白石康夫さんと岩田邦司さんが毎日世話をする。朝は4時半頃からつるの剪定や受粉作業を始め、駅舎の掃除もしていると、やがて始発電車に乗る人たちがやってくる。「最近は地元の人たちが評論家になって『今年の出来がいいね』などと声をかけてくれるのが嬉しいですね」と白石さん。

協議会を94年に結成したのは足柄上商工会長も務める大鹿立脇さんや、星崎靖己さんほか有志。合わせて駅前商店会が主催していた「ひょうたん祭」も引き継いだが、今ひとつ盛り上がらない。何か仕掛けが必要と、大鹿さんが出身地四国の名物であるよさこい踊りと結びつけてコンテストにした。毎年8月に行なう祭りの当日はスピーカーから「老いも若きもよう踊る、ひょうたん両手によう踊る」という妙に耳に付くフレーズが聞こえてくるが、この歌詞も大鹿さんが大井町の魅力をふんだんに盛り込んで考えた。踊り手は自治会の団体が中心だったが、ダンスブームの昨今は座間や小田原からも含めて約50チームが参加する大イベントに成長した。土産用に開発した「ひょうたん漬け」はコリッとした歯応えで美味しい。

大鹿さんは「戦国時代、北条氏に攻め入った豊臣秀吉の馬印が千成びょうたん。この地域とひょうたんとは妙な縁があるんだよ」と話す。そもそもひょうたん自体が、くびれた形状で上と下とを結ぶことから「縁結び」の象徴と見られる。「ところであなたは結婚してるの」と聞かれたので正直に答えると「ひょうたんと関わっているせいか、独身と聞くと世話をしたくなるんだ。そういえばちょうどいい娘さんがいてね」と勧めてくる。思わず身を乗り出しかける小生、いや、仕事をせねば。

協議会ができた約20年前、町には誇れる祭り文化がなかったが、今ではだいぶコミュニティの連帯が深まった。「祭りは当日だけじゃなく準備期間を通じて結束できるのが醍醐味。6～7月になると、毎晩町のあちこちで踊りの練習をしているのが聞こえてくる。この光景が見たかったんだよね」と大鹿さん。ひょうたんは確かに人と人の縁を結ぶのだ。

上：駅構内のひょうたん棚。胴回り30cmほどの大ひょう、長さ1m以上の長ひょう、小さな千成びょうたんなど約200の実がなる。
中：上大井駅は1948（昭和23）年開業時の駅舎が今も残る。駅内部にひょうたんが見える。
下：ダンスフェスティバル会場のバックには富士山がそびえる。当初はひょうたんで作ったマラカスを手に踊っていた。

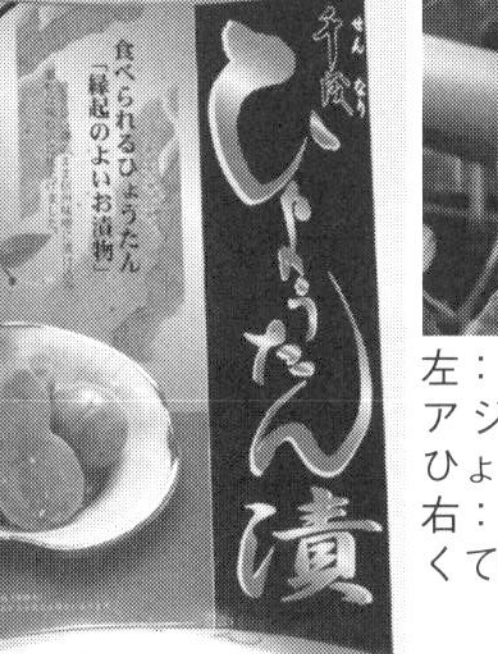

左：ひょうたん漬は東南アジアで生産した食用ひょうたんを使っている。
右：ひょうたんの花は白くて素朴な花。

◎曾我郵便局：足柄上郡大井町上大井497-3
◎大井よさこいひょうたん祭会場：足柄上郡大井町金子1995 大井町役場前

35 横須賀長坂局　神様の島に咲く白くて可憐な花

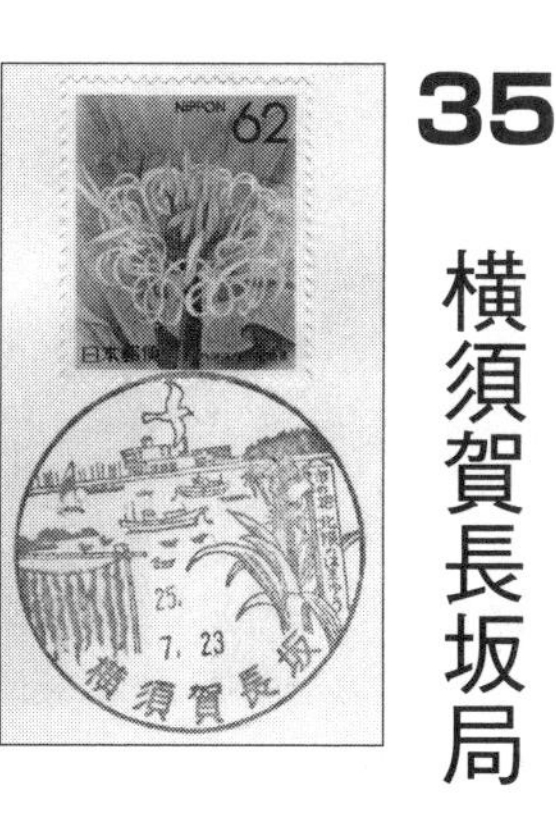

横須賀の風景印を眺めていたら、南の方でしか見られないと思っていたハマユウが咲いていた。ＪＲ逗子駅からバスで40分ほどの天神島は黒潮の影響を受ける温暖な島で、年平均気温15度以上が生育条件であるハマユウの「北限の自生地」なのだ。島の自然や歴史を展示する天神島ビジターセンターの職員氏の案内で外周約１㎞の島を散策した。

島に入るとすぐ、すっくと首を伸ばしたハマユウの群落が見えてきた。放射状に伸びた茎から、さらに放射状に細くて白い花弁が垂れ下がっている。この可憐な立ち姿や、夕暮れに発する芳香に惹かれるファンが多い。１９５４（昭和29）年の7月下旬、鎌倉で療養生活を送っていた詩人の吉野秀雄は「天神島のハマユウが咲き始めた」と報せを受けて当地を訪れた。今年は6月下旬に一番目の花が咲いたというから、約1か月早まっている。

天神島のハマユウ自生地は１９５３年に天然記念物に指定された（和名のハマオモトで指定）。だが高度成長期のレジャーブームで大勢の人が押し寄せ、踏み荒らされ、花は絶滅の危機に直面。66年には島全体と笠島、周辺の海域を臨海自然教育園として整備し、一帯を保護することにした。今は日に3回、周辺の海岸や川から流れ着くゴミを職員が拾い集める。レジャーの季節には相当な量になり、ハングルや中華文字の漂着物も見られるという。一方で打上げられた海藻類は残しているため、それを養分とするハマダンゴムシなど、よその海岸では少なくなった生物が見られる。ハマユウ以外にもハマボウ、ハマナデシコなどの海岸植物が豊富だ。台風で波をかぶり消えたと思われた植物が、数年後に少し離れた場所でひょっこり芽を出すこともあるといい、自然の力には目を見張らされる。近場で堤防が少し伸びただけでも潮の流れが変わるし、人間の影響を全く受けないわけにはいかないが、ここには極めて手付かずな相模湾の自然があるのだ。

島の歴史を紐解けば15世紀初め、島名の由来でもある天神社を祀ったことに始まる。１９３２（昭和７）年に天神橋が架かるまでは離島だった。対岸の佐島地区はイワシ漁などで栄えていたが、江戸時代の高札を見ると、天神島には案内人無しに勝手に入ってはいけないなど、「神の島」に対する厳しい決まりがあったようだ。「住民は島を非常に大切にしており、島から戻った漁師たちは体に着いた砂を溜めておいて、島に返しに行く習わしがあったそうです」と職員氏。

そういえばハマユウのユウ（木綿）とは、古代にコウゾを原料にして作った白い布のことで、神事などに使われたという。歴史を知ると、神様の島に咲くハマユウがいっそう神々しく見えてきた。

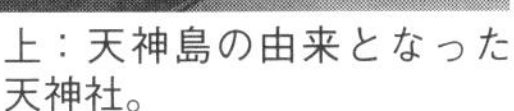

上：天神島の由来となった天神社。
中：今もハマユウを見に大勢の人が島を訪れる。６月下旬から９月ごろまで見られる。
下：帰りに佐島マリーナの食堂で注文した海鮮丼。海の恵みに感謝。

花ではなく、茎に巻きついた葉の根元が古代布のユウに似ているという。

島に打ち寄せられた漂着物たち。

◎横須賀長坂郵便局：
横須賀市長坂 3-3-13
◎天神島臨海自然教育園：
横須賀市佐島 3-7-2

36 横浜吉野町局　吉田新田が一つになる祭りの季節

明治の文明開化以後、伊勢佐木町は横浜の中心的な繁華街として賑わった。牧野久江さんは1955（昭和30）年頃当地に来て、祭りの大きさに驚かされた。「次から次にお神輿が来て、伊勢佐木町の商店街約2㎞、端から端まで埋め尽くしてしまった。こんなお祭りは初めて見ました」。当時は花街もあり、芸者や町の女衆が担ぐ女神輿もあった。最盛期には神輿や山車の総数が120基もあったという。久江さんは後に横浜吉野町郵便局の局長になり、1985年に風景印を作る。題材は神輿の行列しか思い浮かばなかった。絵心のある久江さんが家族と一緒にデザインした図柄は、祭りに参加する人たちの表情まで見えて楽しい。記念に押して配ったら地域の人たちに大変喜ばれたという。

今年の氏子連合祭礼委員長を務める武田勝さんは、戦後5年ほど祭りが休止したことを覚えている。「祭りが復活した時は嬉しかった。戦争中に神輿を売ってしまった町会もあり、古い神輿を持っている町会は誇りに思っ

横浜・関外地区の総鎮守・お三の宮日枝神社の壮大な例大祭は9月中旬に行なわれる。今年（2013年）は2年に一度、氏子町会の神輿約40基が街を練り歩く本祭の年だ。歴史に詳しい方ならご存知と思うが、大岡川・中村川・JR根岸線に囲まれたこの地区は江戸初期までは釣鐘型の入り海だった。それを石材・木材商の吉田勘兵衛が1656～67（明暦2～寛文7）年、11年の歳月をかけて埋め立て、新田を開発。日枝神社は1673（延宝元）年に江戸の山王社から勧請している。お三の宮というちょっと変わった通称は、山王の宮が変化したものとか、難工事だったため吉田家の下女・おさんが人柱になって工事を救ったからとか、いくつかの説が伝わる。

ているし、新調した町会はそれを自慢に思っている。神輿を途中で回す町会があったり、掛け声一つとってもオリャオリャやセイヤセイヤ、中には『港町十三番地』を歌いながら練り歩く町会もあって、見比べて楽しんでほしい」と話す。近年は担ぎ手不足が共通の悩みだが、みなとみらい地区に奪われがちな客足を取り返すためにも、地域をあげて祭りを盛り上げる意気込みだ。

久江さんの息子で2004年まで局長を務めた元美(もとよし)さんも、子ども時代に神輿を担いだ一人。「日枝神社は身近な存在すぎて、初詣はわざわざ川崎大師に出かけたこともありました。けれど祭りになると地元を意識する。神輿を担ぐと、神様を守る一員になったような特別な気持ちがしましたね」と話す。吉田新田の心が一つになる祭りの季節がもうすぐやってくる。

上：商店街の奥の奥まで神輿が続く。
中：肩車された子供のように、多くが幼少時から祭りに馴染んで育つ。「終戦後は何もない時代で、とにかく祭りが楽しみだった。学校を休んでも神輿を担ぐのが暗黙の了解になっていた」と武田さん。
下：祭りの日の日枝神社。

路上でちょっと一休み。

◎横浜吉野町郵便局：横浜市南区南吉田町 1-13
◎お三の宮日枝神社：横浜市南区山王町 5-32

37 鎌倉雪ノ下局　武士の心構え伝える流鏑馬神事

疾駆する馬の上から弓矢で的を射る流鏑馬神事は、迫力があって人気が高い。鶴岡八幡宮は1187（文治3）年に源頼朝が流鏑馬を奉納した由緒ある場所で、現在は4月、9月16日、10月の年3回執行し、春は武田流、秋は小笠原流が担当している。どちらも清和源氏の流れを汲んだ歴史ある流派だ。

昨年（2012年）9月16日朝6時、時間を指定されて境内に赴くと、清々しい空気の中、神事当日の朝稽古が始まっていた。それを知っていて、わざわざ早朝に集まる地元の人もいる。稽古の合間に小笠原流の門人になって10年という射手に話を聞かせてもらった。

「そもそも最初は、走っている馬の上で手綱から手を離すことさえ抵抗がありました」といわれてその恐ろしさに思い至る。しかも神事で乗るのは普段乗り慣れている馬ではなく、その日初対面のケースがほとんど。中には流鏑馬が初めてという馬もいる。昔は和種の馬を使っていたが、近年は西洋種のサラブレッドも使うので、スピードも出る。周囲に観客が大勢いれば馬も興奮するので「いかに折り合いをつけるかが大事」と話す。

小笠原流というのは武士の礼法の流派で、弓術や馬術を含むさまざまな要素からなる。流鏑馬では単に的に当たればいいのではなく、馬上の姿勢や弓の引き方も重要だ。門人氏も動作や呼吸の仕方などを日常から意識しており、そうすることで地道に実力が着くのだそう。「昔の武士は、合戦の前だけトレーニングをしたのでなく、日頃の立ったり座ったりの中で力をつけたわけですからね」。20人入会して残るのは1人という厳しい世界。私は心根からして無理だなと思いつつ、凛とした世界に畏敬の念も覚えた。

上：ひと気が少ない早朝の境内で着々と稽古が進む。
中：時間が来て装束を身に着けた射手たちが入ってきた。
下：矢が的に命中する瞬間！矢を射るときの掛け声「インヨーイ」は「陰陽を射る」から来ており、神との呼応を意味する。

昼頃に雨が降ってきて心配したが、13時に無事、神事が始まった。立っているだけでくたびれるような蒸し暑さの中、鎌倉時代さながらの狩装束などを着込んだ射手たちは暑さを微塵も感じさせない。やがて一騎ずつ出走し、ドドドという馬の足音と歓声が徐々に近づいてきて、目の前を駆け抜けるのは一瞬。馬の速さと大きさに改めてびっくりする。２５４ｍの走路中に的は3か所。矢が檜の的を割ったときのパーンという音が心地よい。

たまたま取材席で、バングラディシュ人の記者と隣になった。興味があるのか聞いてみると「バングラディシュには人が馬に乗って戦争をした歴史がないので、流鏑馬はとても日本的」と話してくれた。日本人と馬は結びつきが強いことを、図らずも教えられたのだった。

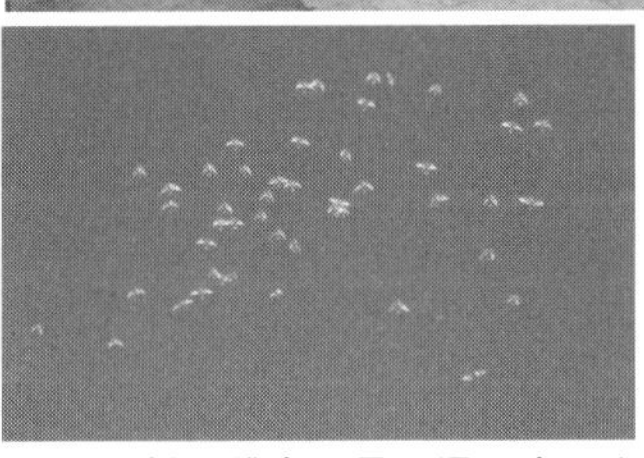

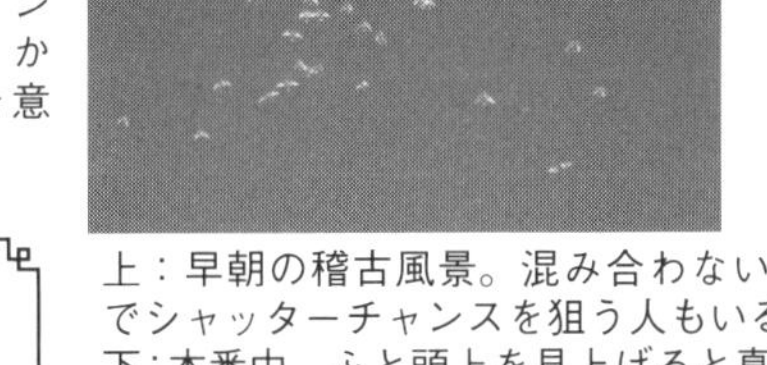

上：早朝の稽古風景。混み合わないのでシャッターチャンスを狙う人もいる。
下：本番中、ふと頭上を見上げると真っ青な空に白鳩の群れが飛んでいた。

◎鎌倉雪ノ下郵便局：
鎌倉市雪ノ下 1-10-6
◎鶴岡八幡宮：
鎌倉市雪ノ下 2-1-31

38 横浜永田局　宿場を裏で支えた農民たちの心意気

流鏑馬に続き馬の話である。学生時代、歴史の授業で「助郷」という言葉を習った記憶がある。大名行列の際に宿場に近い村が人馬を貸す制度だ。横浜市南区永田地区の助郷は歴史書にも出てくるほど大規模で、１７１２（正徳２）年には村から１３９９人、馬１８３２疋が出役したとある。地図で見るとなるほど東海道保土ヶ谷宿にすぐ近い。

横浜永田局の風景印は、その助郷が題材だ。調べると１９９３年に結成した永田助郷伝承保存連が2年に一度、北永田ふるさとふれあいまつりの際に助郷行列を再現しているとわかった。

保存連の初代会長だった服部博さんのお宅を訪ねて驚いた。部屋には助郷を描いた、風景印そのもののような絵馬があるではないか。これは絵の上手な服部さんがご自分で描いたもので、馬が題材の絵馬も多い。服部さんは戦前から当地に住み、農業を営んでいた。永田は昭和40年代までは農耕地帯で、馬は身近な存在だったという。「競走馬と違って農耕馬はおとなしいし、真面目でよく働くから好きなんです」と服部さん。そうした馬たちが大名行列に借り出されていたのだ。きっと江戸時代の永田の人たちも、服部さんのように愛情を注いだ馬を助郷に供したのだろうと想像した。

そして２０１１年10月の祭り当日、会場を訪ねると、いたいた、背中に「永」の文字がついた法被にわらじ、菅笠姿の男たち。籠の中にはまだ就学前の女の子がお姫様の衣装を着て座っている。そんな中でも目についたのが、おかめの面を中心に据えた飾りだった。再び服部さんに話を聞くと「江戸時代の大名行列の絵にも、おかめの飾りが描いてありました。それで知合いと話していたら、長野県諏訪地方の長持行列では今でもおかめを付けていることがわかって、現地の業者に頼んで作ってもらったんです」。なるほど、おかめはお多福とも呼ばれるし、旅の安全を祈願する意味もあったのだろう。風景印の右から2番目に見えるのも、このお多福のように見える。

当初は10人ほどで始めた行列も、20年の間に100人以上の大所帯に成長した。地元の女子高生が腰元に扮したり、お殿様専用の茶釜が恭しく籠で運ばれたりと、細部にも物語があって楽しい。大名行列を裏で支えた地域の人たちが、今は大名側と裏方側の両方を演じて、その心意気を伝えている。ご先祖たちもきっと、微笑ましく見守っているに違いない。

上：助郷の文化を今に伝える服部博さん。
下：服部さんが描いた絵馬。絵馬とはそもそも祈願の供物に馬を差し出す代わりに奉納したものだった。

上：永田小学校校庭に集合した江戸時代風助郷行列。祭り会場には屋台も多数出店して賑わう。
中：籠に乗ったお姫様もいる。最初の頃は服部さんの牧場から本物の馬も行列に参加していた。
下：長野の業者に作ってもらったおかめの面。諏訪大社の御柱祭でも掲げられる。

◎横浜永田郵便局：横浜市南区永田東 3-15-3
◎北永田ふるさとふれあいまつり会場：横浜市南区永田北 2-6-12 横浜市立永田小学校

39 青葉台駅前局　風景印と一緒に根付いたハロウィン

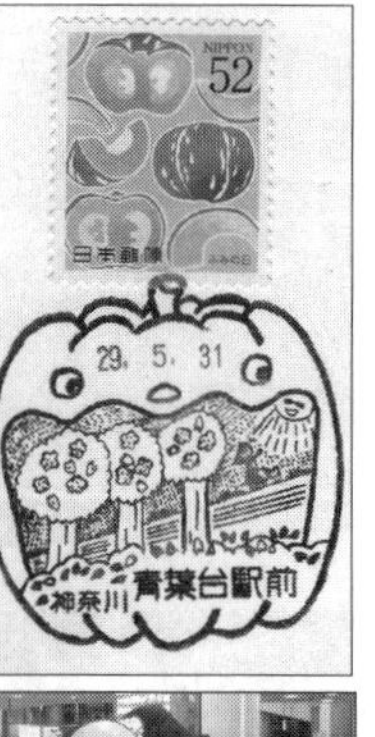

この記事を連載で執筆した2年くらい後から、渋谷に仮装した若者があふれるなど急激にハロウィンがメジャー化した。でもこれは、そんな風に日本に浸透する一昔前からハロウィンに力を注いでいた人たちの話……。

西洋では10月31日は、死者の霊が訪ねて来る日とされている。同時に現れる魔女や精霊から身を守るため、お化けなどの仮面を被り仮装姿でパーティーするのがハロウィンだ。２０１０年に横浜市青葉区で催された「よこはまハロウィン」を見物に行った私、たまたまお化けたちが青葉台駅前郵便局にゾロゾロ入っていくのを目撃してしまった。まさか郵便局がお化けたちの基地だった!?

実は同局の村野浩一局長は、２００３年に実行委員会代表の金子拓也さんらとこのイベントを始めた中心メンバー。それで仮装の着替え場所も提供していたのだった。ハロウィンの象徴であるカボチャ型の風景印も初年度から使用を開始した。でもなぜ青葉区でハロウィン？

「青葉区は帰国子女が多いらしく、冬になると庭などを見事なイルミネーションで飾る家が多かったんです。それで街を活気づけるイベントならハロウィンがいいんじゃないかという声が出まして」と村野さん。実際、都心のビル街よりも、多少郊外で戸建てが集まる青葉区のような景観の方が、子供たちがお菓子を求めて練り歩くには相応しい。

当初は衣装も海外に注文していたが、回を追うごとに凝った衣装を手作りする参加者が増え、日本の雑貨店でも品数が豊富に。「昨年は仮装をした人が普通に街を歩いていて、すれ違う人も別段驚いたりせず、ハロウィンが浸透したんだなと感慨深かったですね」。肝心の風景印も、毎年この時期になると全国から数百通の押印依頼

があるという。「皆さん、すごくお洒落なポストカードに押印を依頼して下さるので、1枚1枚写真に撮っておきたいくらいです」。

10年間イベントを続ける間に地元経営者同士の交流も深まったが、そろそろ世代交代の時期が来たと感じている。今年（2013年）は村瀬裕一さんら若手にバトンを渡し、会場もたまプラーザ周辺に移る。新代表は「飲食店でお酒をはしごできる『夜のハロウィン』を実施したり、ゆくゆくは写真を撮ったら背後にお化けが映るアプリを開発したりもしたい」と若者らしいアイデアで盛り上げを図る。地元農家の露天市も企画中だが、収穫祭の意味合いもあるハロウィンにはぴったりの企画だ。

村野さんら創始メンバーが望むのは、子供時代にハロウィンで楽しい思い出を作った世代が、親になって子供を連れて来るような歴史のあるイベントになってくれること。「それに、ハロウィンがなくなると風景印も図案変更しなきゃいけませんからね。長く続けてもらわないと困ります（笑）」。

【後日談】 代替わりをし、会場を少しずつ変えながらよこはまハロウィンは継続中。村瀬さんによれば、4年前に比べるとだいぶ来場者数は増えているらしい。ここ数年で全国的にも一大イベントとなった感があるハロウィン。村野さんは「無事続いているので安心しています。始めた頃は少し時代が早かったのかもしれませんが、ここ数年であっという間に社会に追い越された気がします。まあ、追い越される感覚を味わうこともなかなか無いので、貴重な経験です（笑）」と話している。

上：こんな仮装行列が街を練り歩く。この年（2010年）は青葉台駅周辺が会場だった。
中：お化けに泣き出す子供も。
下：子供たちは街の数箇所でお菓子をもらえる。風景印の図案は公募で地元の当時小6女子の作品が選ばれた。周囲のカボチャは村野さん画。

◎青葉台駅前郵便局：
横浜市青葉区青葉台
2-3-4

40 箱根湯本局　薄いわらじで峠越え、大名行列楽じゃない

前々回は大名行列を裏で支えた助郷のパレードを紹介したが、今回はいわばその本体。昨年（２０１２年）の文化の日の朝9時45分、湯本小学校の校庭に大名行列の扮装をした総勢１７０名が集合した。この一行は小田原藩11万3千石の格式にならって構成しているという。出発の合図は勇ましい火縄銃の実演。他にも毛槍や弓の部隊がいて、大事なお殿様の道中は、警護も重装備だったことが伝わってくる。

旗持ちを先頭に指揮、露払い、「下にぃ、下に」で有名な六尺と続いていくが、とりわけ気になったのが「挟み箱」という荷物を担いだ男たちの歩き方。手はやっこ凧のように左右に広げ、足はひざまで高々と上げる。いかにも筋肉痛になりそうだが、どうやらこの奴踊りは村落に入る時などにだけ踊ったようで通常は普通に歩いていた様子。ですよね、ずっとこの歩き方じゃ、ちと辛い。

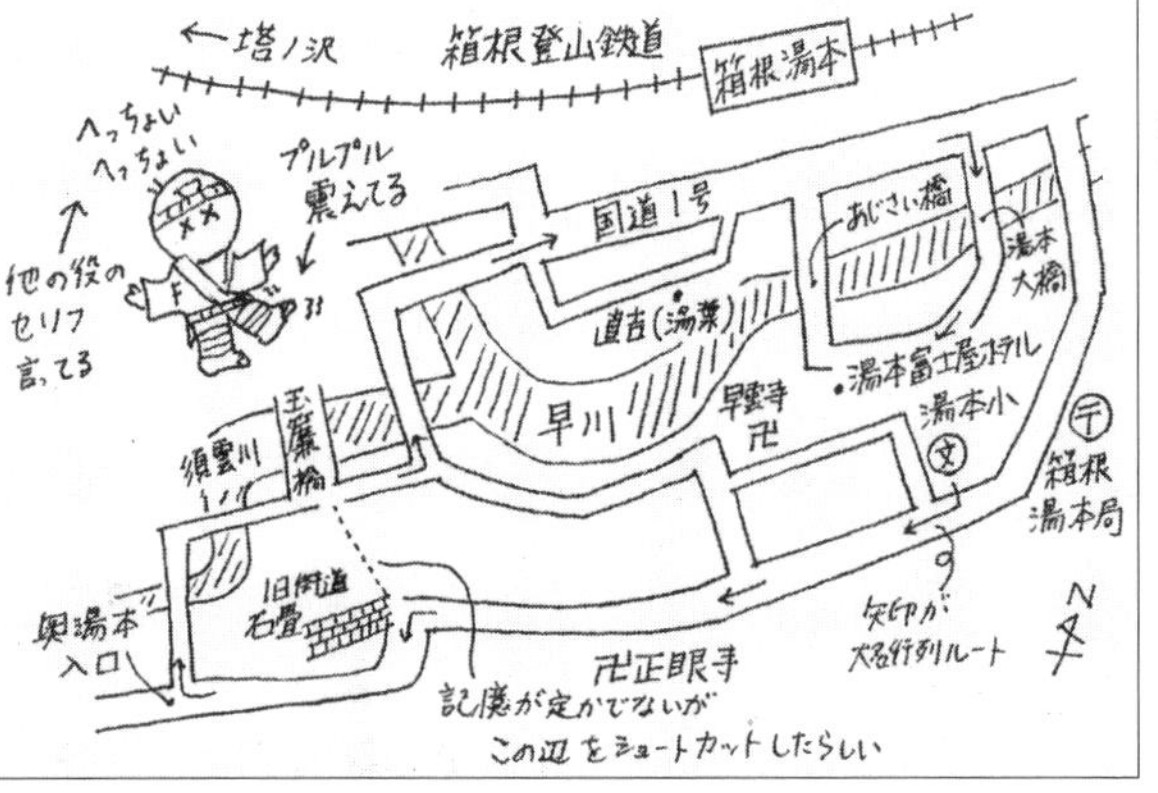

行列の中心に扇子を開いたお殿様、その後に奥女中や腰元のきれいどころが続く。〆は長持ちを担いだ男たちが「へっちょい、へっちょい」とユニークな掛け声で調子を取りながら通り過ぎていく。

一行はこれから箱根旧街道を上り、奥湯本入口で

Uターン。繁華街に下って湯本富士屋ホテルまで約6km の道のりを、休憩を挟んで5時間弱かけて歩く。私は合間を利用して早雲寺や正眼寺などを参拝し、後でまた追いつこうと高を括っていたところ、思いがけず旧街道の坂がキツイ。奥湯本入口に着いた時にはもう、行列ははるか先を下っている！　慌てて山道をショートカットし、玉簾橋で追いつく頃にはすっかり息が切れていた、ひーっ。本物の大名行列はもっと速かったと聞くから恐れ入る。

ゴールではみんな気持ち良さそうにビールを飲んでいた。一番気になっていた「挟み箱」の人たちに話を聞くと、ほとんど練習はなく、ぶっつけ本番だとか。「太腿も明日筋肉痛になると思いますけど、それ以上に薄いわらじで歩くのが痛かったですね」とリアルな感想。昔の人は足の裏も鍛えられていたのだろう。

でも待てよ。よく考えると、小田原藩主が江戸に参勤交代するのに箱根は通らないし、北条氏の鉄砲隊も戦国時代のもののはず……。いやいや、これは現代のイベント、細かいことをいうのは野暮だし、雰囲気に浸って楽しめばいいのだろう。

これで5回続いたお祭りシリーズは一段落。秋の神奈川は個性豊かな祭りに彩られている。

◎箱根湯本郵便局：足柄下郡箱根町湯本 383-1

上：火縄銃の合図で行列がスタート。小田原北條鉄砲衆保存会が演武する。音も煙ももののすごい迫力。
下：挟み箱とは殿様の着替えや調度品を入れた箱。要所要所で奴踊りを披露する。

途中で抜けてお参りした早雲寺の北条五代の墓。第23回で取上げた小田原城主たちがここに眠っている。

帰路、箱根湯本で名物の湯葉定食に舌鼓を打った。

41 生田駅前局　小さな合掌の里にもうすぐ冬が

２０１３年10月1日、川崎市多摩区の９つの郵便局で一斉に風景印を図案改正した。従来は9局同図案で若干面白みに欠けていたのが（川崎市は他の区も同様）、一気にバラエティに富んで我々マニアの間では大好評。そのうちの一つが合掌造りの家を描く生田駅前局だ。

生田緑地の川崎市立日本民家園は、消えゆく古民家を保存するために１９６７（昭和42）年に開園。様々な地域の古民家等25棟のうち、雪深い岐阜県白川郷や富山県五箇山地方から移築した合掌造りが4棟ある。関東への移築例は他にもあるが、4棟もあると屋根が折り重なって「小さな合掌の里」を味わえるのが嬉しい。それぞれ別地区の屋根を再現しているため、葺き方の違いも見どころだ。だがその裏には、維持管理する人たちの苦労もある。

茅葺きの屋根は虫や菌が発生しやすく、腐れば茅自体が肥料となり草が生えてしまう。「ちょっとしたすき間にカラスが餌を隠したり、ネコがよじ上って巣を作っていたこともあるんですよ」と技術職員で担当課長の外山明彦さん。ボランティアの力を借りて点検対処していても、10年に一度くらいは一部差替え、20～30年に一度は全面的な葺き替えが必要になる。開園当初は神奈川県内に茅葺き職人がいたが、職人が激減した現在は岐阜や富山などから作業に来てもらわねばならなくなった。「自分が働き始めた頃はまだ茅葺きの民家がたくさんあった。でもちょっと目を離した隙に取壊されたりして、今はだいぶ減ってしまいました」。

4棟の一つ、山下家住宅では村中厳商店が「そば処白川郷」を営業しており、昼時には合掌造りの中で、粉や水にこだわったそばを食べられる。名物の「民家園そば」

上：富山県南砺市の山田家。外山さんも工事のときには合掌造りの屋根に上る。「下から見る以上に高く感じる。でも現地の職人さんはサルのようにスイスイ上っていきます」
中：庄川本流にあった江向家は正面に茅葺きの庇がつくなど、地域ごとに特徴が見られる。
下：懐かしさ漂うそば処白川郷の店内。

はとろろと山菜とたぬき入り。「若い人や外国人も来ますが、こういう場所で食べるとより一層おいしく感じるみたい。ロケーションの分だけ、うちは得してます」と村中一枝さんは笑う。

寒くなると民家園でも、茅で家の外壁を覆う「雪囲い」を施す。囲炉裏に当たれば暖かそうだが「背中はスースーするから、実際は寒いと思いますよ」と外山さん。勝手に合掌造りにロマンを抱いていたが、現実の生活は厳しいものだろう。もうすぐ冬がやって来る。

川崎にも年に1～2度、雪が降る。すると多くの写真愛好家が合掌造りを撮影しに朝から集まるそうだ。豪雪とはいかないまでも、さぞ画になることだろう。蛇足ながらその際は、正門でなく奥門か西門から入ることをお薦めする。そうすると合掌の里の直前に小さなトンネルがあるのだ。文字通り「トンネルを抜けると、そこは雪国だった」を川崎で体験できるに違いない。

左：五箇山は谷が深く、橋の無いところでは人間が谷を渡るために渡し籠を用いていた。
右：このトンネルを抜けると……。

「民家園そば」は元は裏メニューだった。

◎生田駅前郵便局：
川崎市多摩区生田 7-12-6
◎川崎市立日本民家園：
川崎市多摩区枡形 7-1-1

42 能見台（のうけんだい）駅前局

◎能見台駅前郵便局：横浜市金沢区能見台通17-1

風景印のカタログによれば、能見台駅前局の図案は「能見堂」と説明があった。するとこの茅葺き屋根が能見堂で、中の人影は能楽を鑑賞しているわけか。能面の切手に風景印を押してもらい、ホクホク顔で高台にある能見堂跡地にたどり着いた。だが説明をよくよく読んでいくと、この高台からの眺めは平安の昔から有名で、ここから見渡せる8つの素晴らしい景色を金沢八景としたとある。つまり「能見」とは、能楽を見るのではなく、景色が「能（よ）く見える」の意味。能見堂は地蔵院という寺で、中で能楽を鑑賞していたわけではなかったのだ。お堂は1869（明治2）年に火事になり、やがて寂れたという。

タハハ、能面の切手はまるで的外れであったか……。力なく笑いつつ、第43回（p88）に続く。

49 大井金子局

◎大井金子郵便局：足柄上郡大井町金子1669-4

2年前の早春、この連載が始まるのを控え、題材集めにまだ肌寒い新松田の駅に降り立った。駅前通りから川音川に沿って曲がり、堤防を進むと大きな酒匂川に突き当たる。この角は三角土手と呼ばれ、富士山大噴火による酒匂川の氾濫を抑えるため、1734（享保19）年に築いたものだという。富士山に近い。私が暮らす東京とは全く別の歴史があるのだと興味の糸口をつかんだ瞬間だった。酒匂川を南下していくと、足下にお目当てのスイセンを発見。町制30周年を記念して1986（昭和61）年に町の花に決まり、酒匂川の土手にも整備された。あの日は東京からだと小旅行をした気分になったが、2年間記事を書き続けるうちに距離も気にならなくなるものだと実感している。

（第49回までは隔週、それ以後は月1回連載）

58 横浜旭局 ズーラシア開園15周年小型印

横浜旭局ではズーラシア開園15周年の可愛い小型印を2015年3月31日まで使用している。同園は動物たちが暮らす環境を再現した生息環境展示が特徴で、8つの気候区をまたいで世界一周できるのをコンセプトにしている。つい珍しい動物にばかり目が行きがちだが、インドゾウ、ホッキョクグマ、ニホンザルなど、開園時から園で暮らしている15周年の立役者は他にもいる。そして2015年春、最後の気候区である「アフリカのサバンナ」が全面開園する。広大な草原を再現したエリアにはキリン、シマウマ、チーターなど草食獣と肉食獣が共生する。これで全53・3haが完成する。

※所在地は横浜旭局は第65回、ズーラシアは第45回、小型印については第57回を参照。

68 横浜六浦川局

◎横浜六浦川郵便局
：横浜市金沢区六浦4-23-23

中秋の名月が近づくと思い出すのはこの風景印。金沢八景のうちの「瀬戸秋月」が題材で、歌川広重の浮世絵を基にしているぜいたくな図案だ。この景色の現代版をぜひ見てみたいと思い、現地で日没を待っていると、何と月が野島の左に見えてしまうではないか。このままではまずいと、空を見上げながら湾沿いを歩いて歩いて、ようやく右に見えた場所はもう夕照橋の近くだった。夜のとばりに紛れ野島はすっかり形がわからなくなっていた。意地になった私は翌日も夕照橋で待機して、ようやく野島の右上に出る月を撮影することができた。広重はよくデフォルメをする。絵の構図が良くなると思えば、左にあるものを右に持って来ることも日常茶飯事だ。さんざん振り回されつつ、楽しいのだから世話がない。

43 横浜汐見台局　磯子の森に囲まれた幽玄な能舞台

第42回（P86）の勘違いを挽回すべく、今回は正真正銘の能楽堂を見に出かけた。横浜市磯子区にある久良岐（くらき）能舞台である。元は1917（大正6）年に東京・日比谷に造ったものを、31（昭和6）年に駿河台の東京音楽学校（現東京芸大）分教場に移設。64年に同校に新しい能舞台が出来たため、横浜在住の能楽愛好家・宮越賢治氏が譲り受け、85年に横浜市に寄贈された。

宮越氏は元大連汽船の船長で、戦後は東京湾を入出港する船の水先案内人を72歳まで務めた。生前に記した文章によれば、大自然と常に闘いながら、冷静沈着さを求められる船員の人格形成には、能楽が向いていると考えていたようだ。多才な人物で、パリの国際会議で虚無僧姿で尺八を披露したこともあったらしい。

この舞台が特徴的なのは、もともと囃子方養成用だったため少しコンパクトなこと。実際の舞台は6ｍ四方のところが4・5ｍ四方。登場人物が出入りする橋掛かりは通常11～12ｍのところ3・6ｍと可愛らしい。現在も稽古に用いることが多く、私が訪ねた日は宝円会（宝生流）の前田親子さんが謡曲と仕舞の講座を開き、30人ほどの生徒が集まっていた。

実は前田さんは、この舞台とは浅からぬ縁がある。昭和30年代、東京芸大に在籍しており、駿河台の分教場で練習していたのだ。後に仕事で久良岐に来た際、同じ舞台だと気づいてびっくりしたという。「この舞台は見所（客席）と舞台が近くて、稽古や小さな発表会にはちょうどいい。私も学生だった頃を思い出します」と話す。

当地は三方が山で8千坪の広さがあり、能楽堂も楓や桜などが生い茂る静寂な庭園に囲まれている。「街中にある能楽堂と違い、ここは門を入ったとたんに浮世を離れ、嫌なことを忘れて能の世界に集中できるのがいい。能には『平家物語』や『源氏物語』、さらに古い『古事記』のような神代の物語もあります。登場人物たちが生きた時代に入り込んで見ていただきたいですね」と前田さん。いにしえは人と自然の距離が近く、能舞台も屋外に設けることが多かった。そういう意味でも久良岐は、能楽を楽しむのに絶好のロケーションといえそうだ。

ただ他の伝統芸能と同様、能楽人口は減り続けている。久良岐能舞台では「若い男性能楽師による講座を開いたり、洋楽器のコンサートを開いたり、初心者にも参加しやすい工夫をしています。ぜひ一度、足を運んで興味を持つきっかけにしていただければ」と広報担当（当時）の井上孝さん。久良岐の幽玄な雰囲気を味わえば、病みつきになる人もいるに違いない。

上：建物はうっそうとした木々に囲まれ、四季折々の自然が楽しめる。庭園は横浜市が整備した。
下：生徒に稽古をつける前田さん（後列右から３人目）。

上：鏡板（背後の壁）の松は近代日本画の巨匠：平福百穂の筆。現存する唯一の百穂の鏡板。
下：橋掛かりの側から舞台を望む。舞台は月に１～２回は米ぬかで磨く。

舞台と見所の間には細い白洲とわずか１段の階段。これで異空間となる。

◎横浜汐見台郵便局：横浜市磯子区汐見台 1-6-2
◎宮越記念 久良岐能舞台：横浜市磯子区岡村 8-21-7

44 横浜保土ヶ谷三局　旅の難所は駅伝名所、富士も望める権太坂

正月三が日はテレビの前で箱根駅伝三昧だった人も多いだろう。コース上の名所の一つが、2区の権太坂。江戸時代、日本橋を出発して京へ向かう旅人の最初の難所と恐れられていた。もっとも選手が走るのは明治期に新設した国道1号の権太坂で傾斜はややなだらか。今回は脇道として残っている旧東海道の権太坂を歩いてみる。

あまりに勾配がきついため旅人が坂の名を尋ねると、勘違いした地元の老人が「権太だ」と自分の名を答えたのが坂名の由来だとか。確かに約８００ｍの間に80ｍを上る勾配は急だが、身構えていたせいか、恐れていたほどではないというのが実感だ。ただしそれは昭和30年代に道を舗装したお陰で、江戸時代は雨でぬかるめば滑落する人もいた。行き倒れた人を埋葬した投込塚跡からは人骨も発見されており、命がけの坂上りだったのだ。

だが困難の後にはご褒美がある。坂をほぼ上りきると立ち並ぶ家々の途切れ目にいきなり富士山の威容が現れた。眼福、眼福。そして近くには、風景印の図案の境木

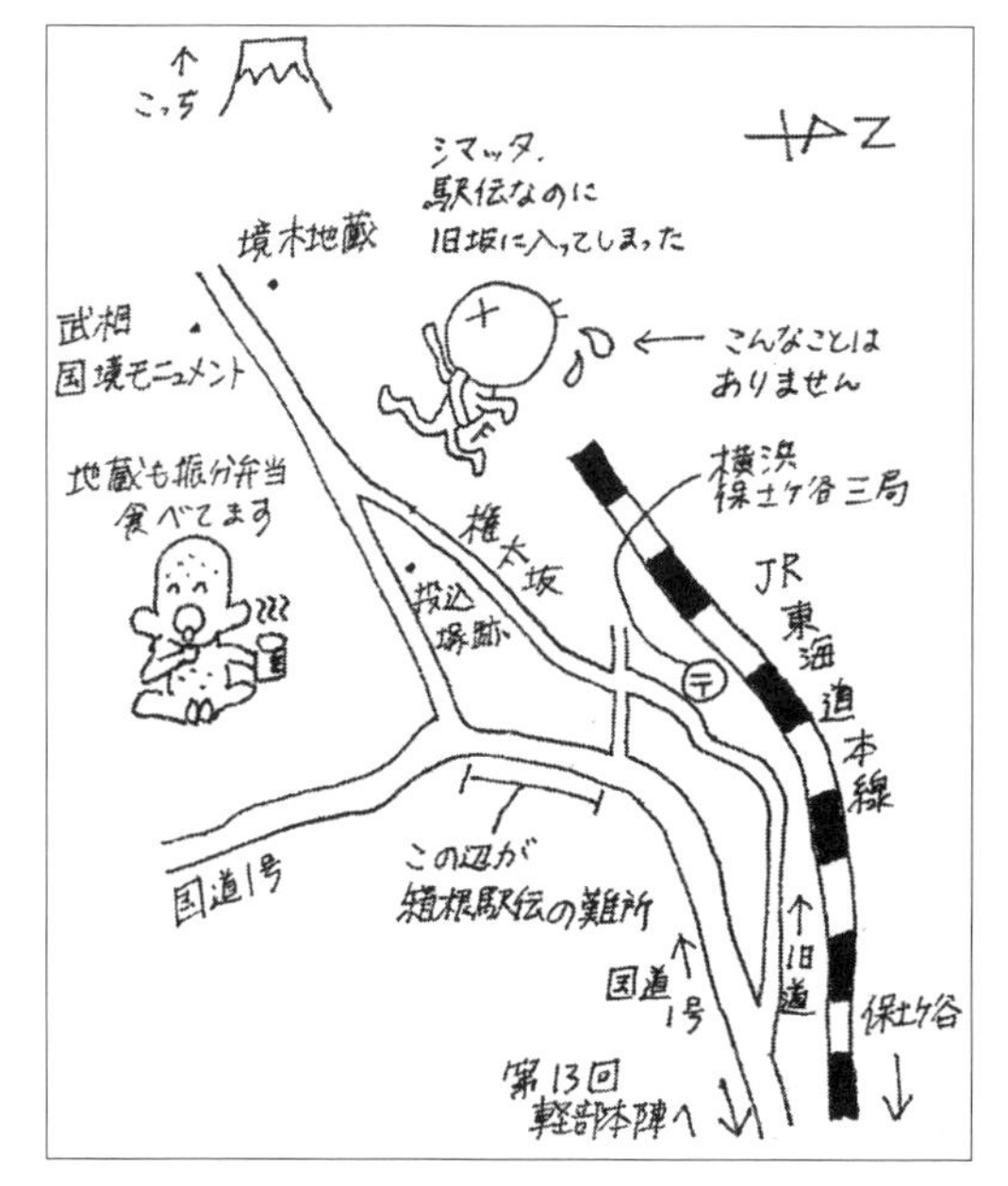

地蔵を祀っている。鎌倉・腰越の海岸に漂着したお地蔵さんを江戸に運ぼうとしたところ、この場所で動かなくなり、以後、村に福を与えた伝説が残っている。武蔵と相模の国境の印木が立っていたため、境木といった。

往時はここに茶店があり、旅人はぼたもちを食べて一服したというが、今あるのはバス停のみ。腹が減った。でもこんなこともあろうかと、しっかり食料を調達しておいたのさ。JR保土ヶ谷駅東口の国道1号に面した、その名も「ごん太鮓」。店主の山岸真さんが1975（昭和50）年に父親と開業した18㎡ほどのお店だ。何か名物になるものを、と思いついたのが「道中振分弁当」だった。山岸さんも毎年、箱根駅伝は店の前で観戦するが、応援客は4列に層をなすという。「留学生が来始めた頃は、足が細くて壊れないかと心配になった」と山岸さんが言えば、妻の美穂子さんも「一度、早大の選手が快調に通りすぎたのに、後半フラフラになって心配したわね」と思い出は尽きない。帰りに私も歩いたが、国道はゆるやかな分だらだらと長いので、疲労が蓄積するらしい。

山岸さんは40年の間に国道の車が減ったと指摘する。「バブルの頃はここから東京の浜松町まで渋滞が続いたけど、今は排ガスが減って住む人にはいいよね」。車の代わりにウォーキングをする人が増えたけど、そういう人は始めから弁当を持参しているので、なかなか売り上げにはつながらないのだとか……。そんな会話を思い出しながら開いた「道中振分弁当」はいなりと太巻きの手頃なセット。昔の旅人や駅伝選手ほどは体力を消耗していないくせに、いつもの昼より数倍おいしくいただいた。

上：投込塚跡。発掘された骨は近くの東福寺境内に再埋葬して弔った。
中：山岸真さんと美穂子さん。
下：旅人が肩の前と後ろに荷物を振り分けたのに見立てて、2つのいなりを干ぴょうで結んでいる。いなりは柚子やごまが香り、太巻きにはアナゴや干ぴょう、卵など海の幸、山の幸。

◎横浜保土ヶ谷三郵便局：横浜市保土ヶ谷区保土ヶ谷町3-196
◎ごん太鮓：横浜市保土ヶ谷区岩井町124

45 横浜上白根局　人懐こい貴婦人とやわらかいコブ

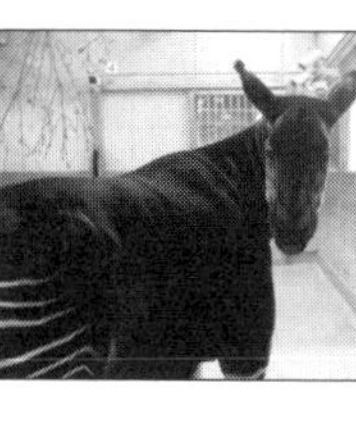

今回の風景印はよこはま動物園ズーラシアで人気の世界三大珍獣の一つ、オカピが図案（他の珍獣はジャイアントパンダとコビトカバ）。中央アフリカに棲み、1901（明治34）年にイギリスの探検家が発見するまで先進国では存在が知られていなかった。「森の貴婦人」の愛称を持つくらいだし、さぞ近づきがたい動物なのだろうと恐縮しつつ獣舎に案内されると……ベロンチョ、うわ、いきなり世界の三大珍獣に顔をなめられた！

「穏やかで人懐こい個体が多いんですよ」とオカピ担当の大浦敦史さん。特徴はキリンと同じ長くて黒い舌で、全身の毛づくろいをするので非常に毛並みが良い。でもさすがに耳の穴には舌が入らないため、大浦さんが指で掻いてあげると気持ち良さそうだ。

ズーラシアではオカピの繁殖に成功している。1999年の開園時に来日した雌雄の間に2頭の雌が生まれ、その姉ピッピ（先ほど顔をなめた）と婿の間にトトが生まれ、現在もペアリングを試みている。一方、オカピ生息地のコンゴ民主共和国（旧ザイール）では2012年、保護施設が襲撃を受け、14頭が殺害される事件が起きた。象牙の密猟を厳しく取締まられた者たちが、見せしめに自然保護のシンボルであるオカピを殺したのだというからやり切れない。「来園者が自然保護のために、それぞれ何ができるのかを考えるきっかけになれば」と大浦さんは言葉に力を込める。

開園以来、段階的に園内を広げてきたズーラシアだが、2013年4月には最終となるゾーンの「アフリカのサバンナ」が一部オープン。ラクダに乗る「ラクダライド」が人気を呼んでいる（有料）。現在担当しているのはフタコブラクダの雌・クララ。「ラクダは頭が良くて、時々

『餌をくれるなら乗せてもいいわよ』みたいな顔もするんです。でも約1年ずっと一緒にいたお陰で、だいぶ言うことを聞いてもらえるようになりました」とラクダ担当の加藤大輝さん。

ヘルメットを装着し、小生も乗馬ならぬ乗駝。気になるコブに触るとなんとも形容しがたく……強いていえば消しゴム？「来たときはコブが少し垂れていたんですけど、ズーラシアで毎日アオキやシラカシのおいしい生の葉を食べさせていたら、今はきれいに立っています」と加藤さん。コブ高約50㎝、感触はぜひご自分の手で確かめてほしい。

いよいよクララが歩き出す。ラクダは左の前足と後ろ足、右の前足と後ろ足を同時に出す側対歩のため、ゆっくりめに歩いてもらっても体が左右に振られる。通常の速さだと体が軽くバウンドするくらいで〝ラクダ酔い〟を起こす人もいるという。「月の砂漠を〜」と歌いながら行くなら、最初のゆっくりバージョンがいいな。ほんの束の間、遠い砂漠を夢想して楽しんだ。

【後日談】２０１５年にはアフリカのサバンナゾーンも全面オープン。オカピはトトの後、14年12月にメスのララが誕生。ラクダのクララは16年、神戸どうぶつ王国へ移籍し、現在はヒトコブラクダのソフィが在籍している。王国のHPを見たら紛れもないクララが、向こうでもラクダライドで来園者を楽しませている様子。元気で頑張って！

◎横浜上白根郵便局
：横浜市旭区上白根町 891
◎よこはま動物園ズーラシア
：横浜市旭区上白根町 1175-1

上：三世のトト、７歳。この舌と２つに分かれた蹄、皮膚に覆われた角で、シマウマでなくキリンの仲間と判明した。
中：大浦さんに撫でられて気持ちよさそうなピッピ。
下：コンビネーションの良い加藤さんとクララ。

46 小田原東局

曽我梅林の花の下で風流梅ご飯

1年前の今頃、戦国時代に小田原城下で梅の栽培が始まった話を書いたが（第23回）、現在はその中心が曽我に移っている。第二次世界大戦後に小田原梅が廃れかけた時期があったものの、昭和30年代以降、下曽我地区を中心に増殖して生産体制を確立した。これが関東屈指の梅の名所「曽我梅林」で別所、中河原、原の3地区で合計3万5千本が咲き誇る。一度見てみたくて、昨年（2013年）初めて出かけた。

JR下曽我駅から観梅らしき人たちにくっついて10分ほど歩くと、前方に梅畑が見えてきた。ここは原会場で、奥へ進むと一面梅の木が立ち並ぶ別所会場に到達、大勢の人で賑わっている。途中に小川が流れていて、その土手に上がると、おお、見渡す限りの広大な梅林。桃源郷なんて言葉が頭に浮かぶが、梅だから梅源郷か。

梅林に下りると、地面近くまで枝を伸ばした木も多く、その下を腰をかがめてくぐるのが楽しい。ベンチに腰かけると、隣の女性客たちが「曽我は梅の下でご飯が食べられるからいいわねえ」と話していた。そういえば他所では、木の根元は立入禁止のところが多い。私も真似をしたくなり、地元の人たちが運営する「うめの里食堂」でその名も「梅ご飯」を購入。炊きたてのご飯に刻んだ梅が混ぜ込んであり、ふたを開けるとぷーんと香る。「この裏でとれた梅を使っているんですよ」と売り子さん。程よい酸味に甘辛中枢を刺激され、あんころ餅まで食べてしまった。

小田原梅まつりの曽我会場は、こんなふうに生産農家の人たちが農地を開放して行なっているのが特徴だ。事務局長の穂坂信雄さんも、そんな農家の一人。当地の名産は1960（昭和35）年に県と小田原市梅研究会が選抜した「十郎梅」で、名前の由来は伝説の曽我十郎（第63回参照）とも、当時の市長の名前とも言われる。肉厚で皮が薄く、梅干しに最適とされるが、寒さに弱く、樽に詰めると実が潰れやすいなど、生産者には難しい側面もある。「私が子供の頃は、竹の皮で梅干しを包んで、ちゅうちゅう吸っておやつ代わりにしたけど、今の子は酸っぱがって食べないねえ」と穂坂さんは昔を懐かしむ。

目下の目標は紀州の南高梅に並ぶくらい、小田原十郎梅のネームバリューを高めること。農地を観梅客に開放しているのもそのためで、昨年は約1か月間に46万3千人もの人が訪れるなど、手応えは感じている。「ここは天気がいいと、世界遺産の富士山と梅の白い絨毯が一緒に見られる。何より、寒い時期に一番最初に咲く梅の花は可憐でいいよね」と穂坂さん。いつか十郎梅の知名度が上がったら、私もその梅林を見たことがある、すごくきれいだったと自慢するつもりだ。

上：土手から見下ろす曽我梅林。別所、原、中河原の3つの梅林合わせて90haといわれる。
中：枝が低いので、ベンチに座っても目の高さで梅の花が見られるのが嬉しい。
下：しだれ梅も美しい。

上左：小田原アイス工房では梅のジェラートを。
上右：梅の下で食べる梅ご飯は最高。
下：曽我兄弟の母・満江御前の墓も近い。

◎小田原東郵便局
：小田原市前川
14-1

47 川崎菅星ヶ丘局　生田緑地から生まれる人と天体の物語

天体観測は近視が始まった小学生の時、眼科医から「星を見なさい」と言われてしただけの天文オンチだが、川崎菅星ヶ丘局のきれいな風景印に誘われて、「かわさき宙（そら）と緑の科学館」を訪ねた。

当館の目玉は世界最新鋭のプラネタリウム「ＭＥＧＡＳＴＡＲ－ⅢＦＵＳＩＯＮ」で、スタンプの左側にあるマイクみたいな形をしたのがそれ。２０１４年２月のテーマは「本当にあった天体衝突」。宇宙は隕石や彗星などの衝突の繰り返しでできている。月もはるか昔、ある天体が地球に衝突して、飛び散ったちりが集まって形成した説が有力だという。その衝突が無ければ、夜空に月は浮かんでいなかったのだから神秘的だ。今いる生田緑地の空を基点に、学芸員の国司真さんがわかりやすく解説してくれた。

続いてもう一つの目玉、開閉式の天体観測スペース「アストロテラス」に出た。ここではコンピュータ制御された望遠鏡で、太陽が発するガスのプロミネンスや、昼間の空に光る織姫星を見せてもらった。４台の望遠鏡はかなり高額・高性能で、市民の寄付があったから買えたのだとか。国司さんを訪ねてくる天文ファンと一緒に、研究室でお茶を飲みながら雑談をする。

そもそも当館の前身は71（昭和46）年、川崎天文同好会の箕輪敏行氏らの発案で誕生した青少年科学館プラネタリウム。当時の川崎は公害問題が深刻で、子供たちにきれいな星空を見せてやりたいという市民の思いが根底にあった。同会からその道に進んだ天文少年も多く、国立天文台長も輩出している。プラネタリウム界の著名人でＭＥＧＡＳＴＡＲを開発した大平貴之氏も、子供時代に生田で見たプラネタリウムに感動したのがきっかけだという。川崎は知られざる天文先進地なのだ。

そんな最新鋭の当館だが、学芸員が肉声で解説するアナログさが魅力だとファンの一人・門馬清さんが話してくれた。近年は大多数のプラネタリウムが録音解説なのだ。2012年5月に金環日食（ドリカムの歌に出てくるあの日食）の観察会を実施した時、あるカップルが日食のリングにあやかって今日婚姻届を提出するのだと国司さんに話しかけてきた。そこでプラネタリウムの解説で彼らを話題にすると、満場から拍手が沸き起こった。投影終了後、件の新婚夫婦は涙ながらに感激していたという。「実は前日まで、金環日食はたった5分で切れちゃうリングなんだって解説してたけど、その日はさすがに止めておきました（笑）。そんなふうにお客さんの反応を見ながら臨機応変に話を変えられるのが、録音解説にはない良さかな」と国司さん。ちなみに国司さんも天文少年から現職に就いた一人だが、天文の何が魅力か聞いてみると「魚釣りは釣って自分のものになるけれど、星は自分のものにならないでしょう」との哲学的答えが返ってきた。天体も味わい深いが、それにまつわる人の物語も味わい深いのである。

上：ドームに東西南北360度の天空を映し出すプラネタリウム。照明がゆっくり消えて、始まる、始まる…。
中：アストロテラスの望遠鏡と国司さん。
下：普段は開閉式の屋根が天井を覆っている。

自然展示では川崎市内で見られる動植物などを中心に展示している。

展示物より、1576年にアルゼンチンで発見された隕石「カンポ・デル・シエロ」。

◎川崎菅星ヶ丘郵便局
　：川崎市多摩区菅北浦4-12-6
◎かわさき宙と緑の科学館
　：川崎市多摩区枡形7-1-2

48 横浜本町局　いつも見上げていた馬車道のシンボル

横浜・馬車道にある神奈川県立歴史博物館の旧館部分は、１９０４（明治37）年に横浜正金銀行本店本館として建設。23（大正12）年の関東大震災で屋上ドームを失ったものの建物は焼け残り、そのドームも67（昭和42）年3月20日の博物館オープンに合わせて復元した。

当館のシンボルともいえる青銅色のドームを、主任学芸員の丹治雄一さんらに案内してもらった。古い階段を上って屋上に出ると、いつも見上げていたドームが目の前にあって、ちょっと感動する。中に入ると銅板の内側は檜材で少し雨漏りがする。建築当初からドーム内部を使用した記録はなく、丸窓も採光目的でなく単なる装飾だったらしい。建物の高さが16・5mに対し、ドーム高は避雷針も含めて19・2m。本体より大きな物体を飾りのためだけに造ったのだからふるっている。設計は横浜赤レンガ倉庫などにも関わった妻木頼黄（よりなか）だ。

実は風景印の横浜本町郵便局は元は当館内にあり、局名も神奈川県立博物館内郵便局といった。手狭になり95年に引越したのだが、風景印がこの図案なのは必然だったわけだ。きっと局員さんたちもこの建物へ思いは強いに違いない。

続いて地下へ。収蔵庫は銀行時代は金庫だった場所で、黒い鉄の扉が厳重さを物語っている。震災の時はこの階の南西に面する廊下に避難したおよそ３５０人が生き残り、行内に入れなかった人たちは命を落とした。現在は常時適切な湿度を保ち、数万点の資料を収蔵している。

これらの場所は普段は非公開だが、公開している展示室の中にも銀行時代の遺物が見られる。左上の写真に見える窓は旧第一営業室の窓で、アーチが洒落ている。３階まで吹抜けで長い柱が伸び、窓の外側は廊下が続いていた。目を閉じると、銀行時代の光景が浮かぶようだ。
だが企画情報部長（当時）の日比野典明さんによると「この建物は基本的には震災復興期のまま、窓枠もスチールなのでアルミサッシより気密性が低いんです。年末年始の休み明けは部屋が冷え切っていて困りました」とか。丹治さんも「元々金庫だったところを収蔵庫にしているので天井が低かったり、博物館仕様でない不便さはいろいろあります」と話す。こんな雰囲気のある建物で働けるなんて羨ましい……というのは部外者の勝手な憧れだったか、失礼しました。「でも、展示に加えてこの建物が見たいから来たとおっしゃる来館者も大勢います。震災や戦災を乗り越え、これから先も続いていくこの建物の通過点を担えたのは、とても誇らしくて嬉しいこと」と声を揃える。

さて読者の皆さんには耳寄りな話。例年11月3日の文化の日と3月下旬の開館記念日前後には常設展示に加え、かのドーム（通称エースのドーム）も無料で見学できる。ぜひ、建物の歴史を肌で感じてみてほしい。

【後日談】 神奈川県立歴史博物館は老朽化に伴い、2016年5月から空調設備等の改修工事に入った。工事を見学した丹治さんは「博物館として使用していた時の天井を外して配管などを修理しているため、その上にある銀行時代の天井は相当高さがあったことが確認できました。鉄骨と鉄骨の間に波形の鉄板を渡して造られた創建時の床など、工事中の今しか見られない部分を見て、この建物には明治時代の建築の粋が集められていたことを改めて認識しました」と感慨深げだ。再開は2018年春を予定している。

上：旧第一営業室の内装を活かした展示室。博物館になった当初は銀行時代の内装は隠されていたが、95年のリニューアルで元の建物を活かした展示設計に変えた。
下：収蔵庫の扉。元は金庫だった（非公開・写真は神奈川県立歴史博物館提供）。

◎横浜本町郵便局
：横浜市中区本町 3-30-7
◎神奈川県立歴史博物館
：横浜市中区南仲通 5-60

50 横浜庄戸局

横浜本来の自然を体感できる森

私のお目当てはカワセミ。池には観察小屋が設置され、彼らを脅かさずに探すことができる。壁の穴から覗くと、おっ、正面の枝に一羽発見。すかさず赤星さんが双眼鏡を貸してくれ、美しいエメラルドグリーンを拝むことができた。この池が栄区内を流れるいたち川の源流だ。

山肌には200万年前からの地層が何層にも堆積している。階段を上った標高100mほどの高台では、足下に貝殻の破片を散見。東京湾から4km以上離れ、今や小高い丘にしか見えない場所が、かつては海底で、後に隆起したというのだから驚きだ。「横浜の太古からの自然が45haに凝縮されているんです」と赤星さん。

この森はレンジャーとともに、多くの市民がボランティアで活動しており、「横浜自然観察の森友の会」を結成している。途中で立ち寄った友の会のプロジェクトの一つ「雑木林ファンクラブ」では、リーダーの大越哲朗さんらが、森の管理の傍ら、木工品の制作に励んでいた。材料は鳥に運ばれて繁殖してしまった外来種や園芸

ここに描かれているのは横浜自然観察の森という施設で、面積45ha、横浜スタジアム17個分の広さがある。管理を委託されている日本野鳥の会のレンジャー・赤星稔さんに案内していただいて森を散策した。

歩いてまず気づくのは、背の高い薮と草地が混在していること。「薮を刈らないの?」と聞く来訪者もいるが、これは薮を好む鳥獣も、草地を好む昆虫も、本来横浜地区に棲んでいるはずの様々な生物が全部暮らせるための工夫。ここが目指しているのはそういう環境なのだ。周囲が住宅地として開発されていく中で、ゴルフ場用地として残されていた場所を整備した。1986(昭和61)年の開園以来、約30年でずいぶん森らしくなったという。

種。横浜本来の森林を取り戻すため伐採したものを木材として有効活用し、販売してまた森を守る資金にする循環が出来上がっているのだ。「丁寧に手入れをすれば、それに応えるようにきれいに花が咲いてくれる。ここは私たちの遊び場みたいなもんです」と大越さん。

　歩いていてフカフカした地面があるのは、枯れた葉が土に還った場所。コクサギという葉を触って指を嗅ぐと柑橘系の匂いがする。もちろん植物を引き抜いてはいけないが、手や足、五感を使って自然と親しめる場所だ。実は赤星さんも、会社員を早期退職してレンジャーに転身したクチ。「深呼吸しながら仕事ができるのはいいものですよ」の言葉にも実感がこもっていた。大都市・横浜に残る大きな森、家族でのお出かけにもお薦めだ。

上：この階段の先に横浜自然観察の森がある。
中：風景印にも描かれている自然観察センター。
下：大越さんらが活動する雑木林ファンクラブは新入会員募集中。

山肌にはカワセミが使い終えた巣穴も見られる。

ウメノキゴケも生息。排気ガスに弱く、環境汚染の指標と言われる。

◎横浜庄戸郵便局
　：横浜市栄区庄戸 1-1-12
◎横浜自然観察の森
　：横浜市栄区上郷町 1562-1

51 半原局（はんばら） 迫力の人口瀑布と神奈川を支える水瓶

レジャーの予定もない寂しい中年のGW。唯一、小旅行気分で出かけたのが宮ヶ瀬ダムだ。２０００年に完成した関東屈指の巨大ダムで、総貯水量は約２億㎥、東京ドーム約１６０杯分に相当する。

人気イベントは、高さ約70ｍの洪水時用水吐から水を落下させる観光放流。ダム堤体の正面に架かる小橋で待っていると、２本の白い水の帯がスローモーションのように落ちてきた。最初は「もっとブワッと来るのかと思ってたのにねー」と感想を言い合っていた隣の女性二人組が、程なくキャーキャー歓声を上げた。着水面に届いた水がスプリンクラーのようにしぶきを上げ始めたからだ。髪を濡らして「こんなことになるとは思わなかった」と喜ぶ二人組、小生の感想を全部代弁してくれた。

宮ヶ瀬ダムが面白いのは、ダム本体（堤体）の内部を見学し、高さ１５６ｍの堤頂にも出られること。ダムの中に通路やエレベーターがあるなんて、考えたこともなかった。堤体の外側をケーブルカーで昇降することもできる。これはインクラインといって、ダム建設の際、コンクリートを積んだダンプカーを昇降させていた設備を観光に転用している。片道４分の車窓旅。堤頂に出ると、水吐の反対側には芦ノ湖とほぼ同じ大きさの宮ヶ瀬湖が満々と水をたたえている。県下15市５町に水を供給する水瓶だ。いっぽうで洪水時の水量調節にも大きな役割を持つ。過去５年間で12日、水量調節をした日があったが（２０１４年時点）、ダムのお陰で氾濫危険水位には至らずに済んだ。

戦後、神奈川県では人口が急増し、上水確保や洪水防止などのため、相模ダムや城山ダムに次いで宮ヶ瀬ダムを計画した。１９７４（昭和49）年に建設を開始し、完成までに26年の歳月を擁した。その歴史や役割については、堤頂にある「宮ヶ瀬ダム水とエネルギー館」で学べる。神崎良一館長は元は厚木市内の小学校で校長を務め、遠足でダム完成前の当地を訪れたこともあるという。「中津川の渓流が美しくて、飲食店や土産物店も並んでいました。元は横浜に居留した外国人たちの保養地だった地域で、その歴史を受継ぐために、宮ヶ瀬ダムは観光的な機能も備えているんです」。

一方でダム建設の影響で、281世帯1136人が移転したことも忘れてはならない。「住民たちの協力があって私たちが水や電力を享受できることを来場者には伝えて行きたい」と神崎さん。帰り際、それまで持ち応えていた曇り空から雨が落ち始めた。この一滴一滴も宮ヶ瀬湖の一部となり、やがて県民の生活を支えるのだ。

左：これが堤体内部の廊下。
右：小型で可愛らしいインクライン。傾斜35度はスキーのジャンプ競技の滑走角度に近いという。

上：水吐から水が出始めた！
中：水煙を立て迫力の観光放流。25ｍプールが12秒で一杯になる水量が落ちてくる。
下：堤頂からダムを見下ろす。ここから中津川を通り、県内各地へと水を運んでいく。

◎半原郵便局：愛甲郡愛川町半原4220
◎宮ヶ瀬ダム水とエネルギー館
：愛甲郡愛川町半原字大沢5157

52 開成局　アジサイの背景に一面緑の田園

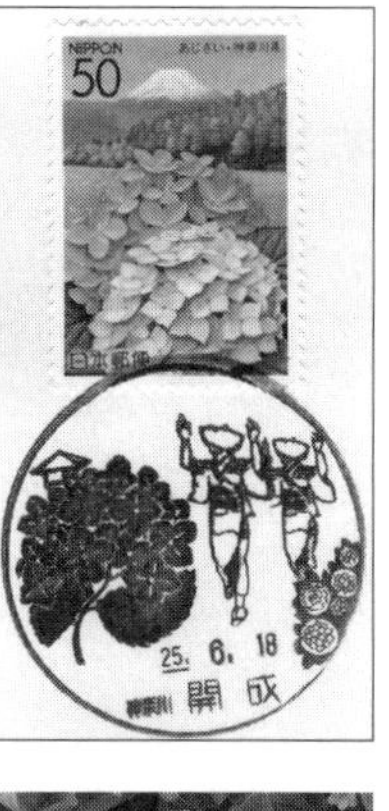

何だか慌ただしかった昨年（２０１３年）の6月、手紙仲間からアジサイの切手に開成局の風景印ではがきが届き、そうだ、これを見に行くつもりだったんだと急いで出かけた。私の場合、こんなふうにお便りに助けられることがしばしばある。

小田急線新松田駅から酒匂川を越えて歩くこと約25分、手作り風のゲートの先に「開成あじさいの里」はあった。関東にもアジサイの名所は数あれど、開成町の特徴は青々とした稲田を背にしていること。17haの水田に約5千株のアジサイが咲き誇る様は何とも清々しい。

植栽を始めたのは１９８３～84（昭和58～59）年。圃場整備で景観が整然としすぎてしまったため、町の花であるアジサイを植えたところ、美しさがクチコミで広まった。県下最小面積の町にどんどん観光客がやって来て、88年には「開成あじさい祭」も開始。栽培は主に業者に委託しているが、数年前から約10ｍ区間の世話をする「里親」を募り、町民や企業もアジサイ作りに参加している。現在では毎年20万人が訪れるイベントに成長した。

一口にアジサイといっても、様々な色や形があるものだ。中心の花序が空色の「クラウン」や打ち上げ花火が開いたような「伊豆の華」、中でも目につくのが真っ白で手まりのような「アナベル」。まるで純白のウエディングドレスを着た六月の花嫁のように清楚で、男一人でぼけっと見とれてしまった。

忘れてはならないのが農家の人々の協力だ。この辺りではキヌヒカリというコメを栽培している。たまたま農具の手入れをしていた60代の男性に聞くと、アジサイの名所になった以前と以後では、苗を植える時期が少し早まったという。「本来は6月初めに植えるんだけど、その頃に観光客が大勢来て『これは何の品種？』とか聞かれるんで、作業にならないんだよね（笑）。だから今は5月末に作業をしてしまうの。最初は農家の間で批判の声もあったけど、果物や野菜を買ってもらえばお小遣いになるし、大勢の人が町に来て喜んでくれるのは嬉しいよね」。こうしたおもてなしの心で、この美しい景観は成り立っているのだった。

祭りは9日間と短いが、祭りが終わったからといって花が枯れるわけでもない。私も閉幕の翌日に行ったが、まだまだ花見客は多く、テントで作物を売っている農家もあり十分楽しめた。農作業の邪魔にならない程度の距離感で見物していただければ幸いだ。

上：真っ白なアナベルが農道の両端を彩り、背景に田園や山が広がる。
中：祭り期間終了後も１週間はファイナルステージとしてイベントが続く。近くのあしがり郷瀬戸屋敷では空き缶で作った風鈴が初夏を伝えていた。
下：カモものどかに歩いている。

瀬戸屋敷の近くではタチアオイが満開。

農家で５個１００円で購入したプラム。酸っぱくておいしかった。

◎開成郵便局：足柄上郡開成町延沢 878-1
◎開成あじさいの里：足柄上郡開成町吉田島、金井島地区
◎あしがり郷瀬戸屋敷：足柄上郡開成町金井島 1336

53 横浜南部市場内局　閉場の危機を乗り越える市場の商店街

夏らしい、暑中見舞いにぴったりの風景印である。1973（昭和48）年、金沢区に開設した横浜市中央卸売市場南部市場は、今年（2014年）度一杯で神奈川区の本場に統合される。卸売機能は移転してしまうが、市場内に約50店舗が並ぶ共栄会は、来春以降も同じ場所で営業を続ける。専門業者向けと思いがちだが一般消費者も大歓迎だ。

昆布などの海産物を扱う横浜海産には今どき珍しい帳場が残っている。開設当時は現金でなく、業者との伝票取引が中心だった名残だ。店長の伊沢清さんが薦めてくれたさきイカは後味にうま味があって、普段食べるものより数段おいしい。「廉価で十分においしいものから、高級で本当においしいものまで、品揃え豊富なのが市場の店。用途に合ったものを提供するから、お客さんもどんどん店員に話しかけて欲しい」と話す。

開設から41年で店子はだいぶ入れ替わったが、白衣や長靴などを扱うウエムラユニフォームの植村泰幸さんは、当初から南部にいる一人。開設時は8つの衣料品店が応募し、審査に残った3店がドラフト会議のようにこよりを引き、出店を引き当てたという。「飛ぶように売れて、翌日店に並べる商品を揃えるのが大変なくらい。ずいぶん楽をさせてもらいました」と懐かしそうに振り返る。統合の話が出て、この4～5年は売上が落ちた。魚や野菜を買い付けに来ていた大手スーパーなどの業者たちが、先回りして他の市場に移り始めたからだ。最近はネット販売に活路を見出している。「でもここで育った店だから、ここで続けていくけどね」。

新たな動きもある。南部市場では東日本大震災直後から被災地・宮城県女川町のサンマを焼いて寄金を募るなどの支援をしてきた。その集大成が13年末に開店した食堂・浜小屋。店長の大川裕一郎さんは女川町在住の身内がいた縁でサンマ焼きのボランティアを始め、それが高じて会社員から転職してしまった御仁だ。「荷受け（卸）さんに被災地から安く輸送してもらい、仲卸さんに加工してもらってウチで売る。こんなふうに異業種一体で支援する市場はなかなか無い」と胸を張る。最近は浜小屋目当てで市場に来る人も増えてきた。「復興は時間がかかるもの。10年、20年と続けて次代につなげたい」と話す。

やはり73年から営業する食品店イセタカ商事は豆の品揃えなどに力を入れてきた。渋谷剛一さんは、来春以降に不安はないと話す。「市場に入った業者は『市の審査を通過した』という信用が何よりの武器。それにずっと学校や病院、社会福祉施設などに納入してきた責任があるから、簡単には辞められないよ」と力を込めた。

上：土曜市の日はこの賑わい。
下：お買い得商品が所狭しと並ぶイセタカ商事。

【後日談】 南部市場は計画通り15年3月に廃止されたが、民営化して横浜南部市場として運営中。仲卸業者も縮小したものの残っており、共栄会はますます賑わっているようでホッとしている。

海鮮市場丼。ネタは日により変わるが、この日は銀ジャケ、ホタテ、ヒラメが女川産。

上：「この帳場があるとお客さんも質問しやすいみたいです」と話す横浜海産店員の萩原幸美さんと伊沢さん。
下：近年は一般向けの商品にも力を入れるウエムラユニフォーム。業務用メーカーが作る長靴はおしゃれで防水が万全。ガーデニングにも使える。

◎横浜南部市場内郵便局
　：横浜市金沢区鳥浜町 1-1
◎横浜南部市場共栄会
　：横浜市金沢区鳥浜町 1-1

54 相模原若松局　かつての〝大沼ぶどう郷〟住宅街に今も

ＪＲ古淵駅から南へ歩いていくと、大沼地区の住宅街の中に風景印と同じ鈴なりの光景が見えてきた。ブドウ棚の下に入ると周囲より少し涼しい。ただ大きく異なるのは一房ごとにしっかり紙袋がかけられていること。「最近は都市化で鳥の餌が減った分、集中してうちに来る。カラスやムクドリは紙袋さえ破いちゃうんです」と、観光農園みさわ園を営む三澤勝重さん。紙袋をそっと外すと、果肉の詰まったおいしそうなブドウが現れた。

最近はピオーネ、藤稔、ブラックビートなどの大粒種が増えた。特に人気なのは皮ごと食べられるシャインマスカット。種無し→皮ごとと、どんどん食べるのが楽な方に向かっている。何を隠そう、私は子供の頃、一番好きな果物はブドウで、親指と人差し指で皮をつまんで、実を一粒ずつ押出しては飽きずに食べていた。でも、もう何年も食べていない。侘しい男一人所帯のせいだと思っていたが、そういえば無意識のうちに面倒臭がっていたことに気づいた。

本来、ブドウの苗木は寿命が長いが、消費者の嗜好に沿うため、栽培をやめた品種も数多い。40ａのブドウ園の中での生存競争。いかに消費者の先を行くかが、この仕事の難しくも面白いところなのだろう。

もとは養蚕が盛んな地区だった。水田が作れないため、畑で陸稲を作っていた家もあるという。戦後、絹産業が斜陽になり、地域全体が現金収入につながる野菜や果樹に転向。父から継いだ三澤さんはブドウとナシにシフトし、50年間やってきた。「昭和30年代後半には地区に40軒のブドウ園があって『大沼ぶどう郷』なんて呼んだ時期もあったんです」。最盛期には1日に2～３００人がもぎに来たこともあったという。当時のセピア色のチラシを見るとまだ古淵駅はなく、小田急線相模大野駅からバスの案内が載っている。

それから約半世紀が経ち、多くの農園はマンションに変わった。大沼地区でブドウ園を営むのは4軒になったが、三澤さんは一度も転業を考えたことはないそうだ。「自分が作ったものを地域の方に喜んで食べてもらうのが一番嬉しい。農業は天職だと思っています」。ブドウに向いているのは昼夜の寒暖差が激しい盆地で、相模原は本来、さほど適した土地ではないらしい。だがそこで50年おいしいブドウを作り続けてきた経験が、自信になっている。昔、家族で来ていた子供が、親になって子供を連れてきたりすると、「長くやってて良かったな」と思う。

8月中旬にはバッファローやピオーネ、ハニービーナス、下旬にはシャインマスカット……と、ナシも合わせると9月中旬まで農園は賑わう。何段階も山場を作って台風などのリスクを減らすとともに、なるべく長期間、お客さんに楽しんでもらうための工夫だ。嬉しいことに入園料は無く、もいだ分だけの量り売り。「近所の人は食べる分だけを買って、なくなるとまたもぎにくる。その度に新鮮で違う品種が食べられるんです」と何ともぜいたくな話だ。私の中に眠っていたブドウ愛も戻ってきたようだ。「この先も地域の宝になるようなブドウを作っていきたい」、それが三澤さんの望みだ。

上：袋を外したシャインマスカット。つやつやした実はまるで宝石のようだ。
下：窓を開けると中が見えるようになっている。専用の紙袋が製造されているのだ。

三澤さんとそのご家族。駐車場がブドウ棚で木陰になり、車内が暑くならないのもちょうどいい。

◎相模原若松郵便局
：相模原市南区若松 5-25-3
◎みさわ園：相模原市南区東大沼1-12-5

55 秦野局　街を育てたタバコ産業、祭りの主役は〝火〟

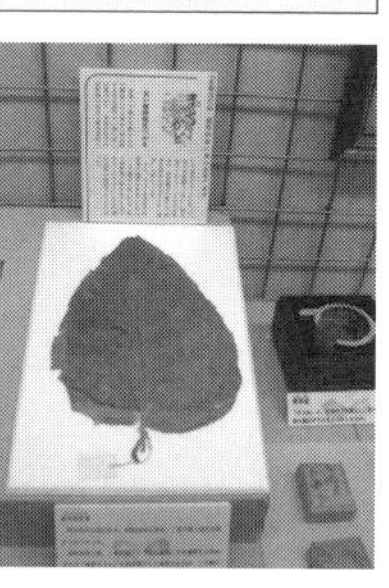

スタンプ左の大きな葉っぱはタバコの葉。例年9月下旬、秦野市中心部では「秦野たばこ祭」という珍しい名称の祭りが開かれる。私は昨年（2013年）の2日目、一足お先に見物した。

日中は本町公民館で「秦野たばこ資料展」が見られる。秦野でタバコの栽培が始まったのは江戸時代初期のこと。盆地で水を得るのが難しく、稲の代わりに白羽の矢が立ったのが乾燥に強いタバコだった。明治に入ると神主でもあった草山貞胤が栽培法や品質の改良に勤しみ、同じ面積の畑で倍以上の収穫を可能にした。「秦野のタバコは腕で持つ」と言われたゆえんで、茨城、鹿児島と並んで三大銘葉と称された。戦後は衰退し、1984（昭和59）年に約300年の歴史に幕を閉じた。

展示場の入り口に、珍しいタバコの鉢植えがあった。解説をしていた市の職員氏に言われて茎や葉に触るとヤニでベタベタする。「私も吸うんですけど、これが体に入るんだから健康に良いわけないですよね」と自嘲気味。中には祭りの名前だけを見聞きして抗議してくる人もいるそうだ。「でも喫煙を奨励する祭りではないんです。元はタバコの耕作者を労うもので、秦野の街はタバコ栽培のお陰でここまで来たんだよということは、きちんと伝えていきたいです」と話していた。

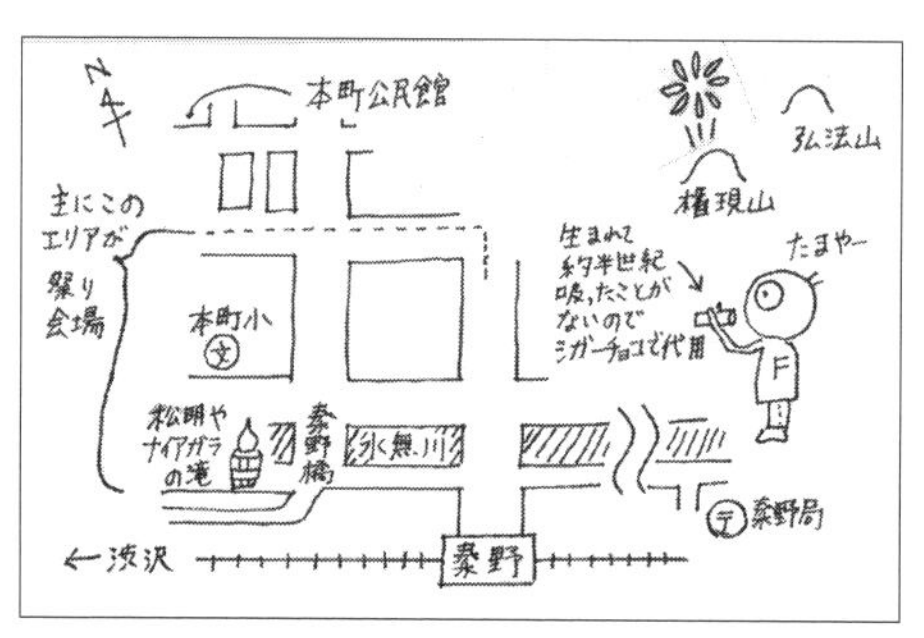

祭りは1948（昭和23）年に始まり、初期はコンテストで「たばこ娘」も

選んでいたというから時代を感じる。今では観光行事として市民に根付いている。表に出るとそろそろ夕刻で、地元の中学生らが作ったランタンが街を練り歩き始めた。水無川（みずなしがわ）（この名前が水の少ない土地を物語っている）の川べりを彩る提灯と相まって非常にきれいだ。

続いて「弘法の火祭」。元は弘法大師が修業したといわれる弘法山山頂でタバコの豊作を祈願するものだったが、現在はたばこ祭初日に「ジャンボ火起こし綱引きコンテスト」を開催。2日目に優勝チームの起こした火を弘法大師に扮した市長ら一行が、本町小学校の大松明から河川敷の松明まで運ぶのだ。水無川の水面に映る炎が幻想的だ。

上：水無川は歩いて渡れるほど水量が少ない。
中：中学生たちの力作ランタンが続々と街を行く。
下：河川敷を美しく染める仕掛け花火。

クライマックスは2つの花火。1つは「ナイアガラの滝」で、河川敷に火のカーテンを作る。もう1つは権現山山頂からの打ち上げ花火で約800発が夜空に広がる。灯火や火にちなんだ行事が多く、タバコに点けた火を連想させる。混み合う中、隣で見物していた地元の男性が「2日間とも天気なんて珍しいんじゃないかな」と教えてくれた。火祭りに雨は大敵、今年も天気に恵まれますように。

河川敷の松明に火を灯す。昭和30年代は松明の材料にタバコの残幹を使っていた。

白地にピンクの小さいラッパのような花が咲く。

◎秦野郵便局
：秦野市室町 2-44

56　海老名大谷局　江戸時代後期から海老名に息づく地芝居

村の芸達者たちが祭りで歌舞伎を披露する……近年ではほとんど見られなくなったそんな光景を、海老名市の神明社で目撃した。大谷歌舞伎は県内に残るわずか5座ほどの地芝居の一つ。江戸後期に起こり、一時途絶えたものの終戦直後に復活、今日まで続いている。「この辺りの人間は、子供の頃から『近所のオジサン、上手だなあ』と思いながら見てきたんです」と大谷芸能保存会会長・鈴木守さんは話す。

とある晩、大谷八幡宮にある稽古場を訪ねると、12畳ほどの広さに年配から小学生まで20人ほどの座員が集まっていた。手に持つ台本は手書きのコピー、蛍光灯の下で蚊取り線香を焚いて昭和の雰囲気だ。現在、座員をまとめるのは60代の岡部利夫さん。若い頃はベンチャーズやビートルズに影響を受けたバンドマンで、15年ほど前に公演を見て加入した。「義太夫さんとのセリフの掛け合いなど歌舞伎ならではの難しさもあるけど、バンド時代のリズム感は役立ってるんじゃないかな」。今の課題は40代への引き継ぎ。「我々が動けるうちに自分の持ち役を受け渡していくのが大事なんだって、みんなで話してます」。

ユニークなのは歌舞伎なのに女座員がいること。神森朝子さんは10年ほど前に初めて加わった女性の一人。「最初は反対意見もあったみたい。でもお茶を出すにも女手があった方が便利ってことになったんじゃないかしら」。確かに女性がいることで特有の和やかさが場に漂う。

小学6年生（※2014年当時、以下同様）の押田優依さんは父親に誘われて参加した。「歌舞伎をやっていると言うと、学校の友達には意外って言われます（笑）。でも普通じゃできないことをやれるのは嬉しい」と話す。

中学に入ると部活動で辞めていく子も多いが、半戸汐さんは高校生になって復帰した。「春の公演を見たらまたやりたくなって。以前一緒に参加していたおじいちゃんは亡くなったけど、ここに来るといろんな年代の人と話せるのが楽しい」。

昭和20年代、大谷歌舞伎を復活させたのは戦争から帰った若者たちだった。そのうち2人が今も健在。今年、芝崎秋夫さんは88歳、斉藤金造さんは90歳になる。「私たちにはやはり、負けて帰ってきたという気分があった。歌舞伎でもして気晴らしがしたかったんです」と斉藤さんが言えば、芝崎さんも「ただ芝居がやりたい、それだけだったね」と話す。それが紆余曲折を経ながらも70年も続いてきた。斉藤さんが言う。「最近、素人芝居ってのは一つの家族みたいだなって思う。一人でも我がままなのがいるとダメになる。みんなが団結しないとね」。その言葉に、一座の魅力が集約されている気がした。

【後日談】その後、一座は高齢で勇退する人がいる一方、40代前後の働き盛りの新メンバーが3人入ったのは朗報。世代交代をしながらも座が末永く続いていってほしい。

上：2014年春、神明社のお祭り当日。開演のだいぶ前から席取りをする人たちがおり、上演が始まると満席に。
中：演目は「奥州安達原三段目・袖萩祭文の場」。ブルーシートで地元の人が飲食をしながら「よっ、待ってました！」と声をかける。
下：大谷八幡宮の稽古場。ふすまを入れ替えると屋外向けの舞台になる優れもの。

出し物には９つのレパートリーがあり、この年の秋の演目は「菅原伝授手習鑑・寺子屋の場」。練習に余念がない。

木の棚の道具置きにもレトロな感じが漂う。

◎海老名大谷郵便局：海老名市大谷北 4-5-3
◎大谷八幡宮：海老名市大谷南 2-5-15
◎神明社：海老名市大谷北 2-13-22

57 川崎本町局

東海道かわさき宿交流館開館1周年小型印

常時使用の「風景印」に対し、期間限定で特定の事柄を記念して使用する消印がある。風景印より一回り小さい、その名も「小型印」。川崎本町局では２０１４年11月28日まで、東海道かわさき宿交流館開館１周年を記念した小型印を使用中だ。

同館は２０１３年10月に旧東海道沿いにオープンし、散策をする人が休憩がてら、江戸時代の宿場や川崎の歴史を学ぶことができる。入ってすぐには、奈良茶飯で人気だった茶屋「万年屋」（第19回の道標があった店だ）を模した畳敷きのスペースがあったり、２階には床に川崎宿の絵地図が描かれていたりと、雰囲気も満点。趣向を凝らした特別展示やイベントも好評で、当初2〜3万人との予想を超えて、1年間に5万7千人が訪れたという。館長はかつて中原区長も務めた青木茂夫さん。「私自身、大師の生まれですが、川崎が元宿場という意識はほとんど無かった。この施設に関わり、『六甲おろし』の作詞家・佐藤惣之助が本陣の出だとか、新しく知ったことがいろいろあります」と話す。

川崎宿は江戸から六郷の渡しを渡ってすぐの宿場。はるばるベトナムから来たゾウが将軍にお目見えする途中で通過したこともあるし、伊賀に向かう松尾芭蕉が門人と別れの句を詠んだこともある。だが戦災を経て、往時を伝えるものはいくつかの寺社だけになってしまった。

青木さんの子供時代には工業の街として賑わった。煙突からはモクモクと煙が上がり、東北や沖縄からの出稼ぎや在日外国人の労働者も多く、雑多な活力に溢れていたという。その工場も今は多くが移転し、跡地のマンション化が進んで住民もだいぶ入れ替わった。ある時、交流館にインドネシアから30人ほどの旅行者が訪れてびっくりしたことがあったが、「羽田に朝着いて、次の目的地が開くまでの時間潰しに寄ったみたいです。江戸時代の衣装を着て記念撮影などもできるので、喜んでいましたよ」。ますます変貌していく川崎で、当館はその歴史を伝える重要な施設になるだろう。

ところで食い意地の張った私、「東海道中膝栗毛」にも出てくる「万年屋の奈良茶飯」というのがずっと気になっていた。聞くとなんと、館の並びにある和菓子店の川崎屋東照本店で、２０１４年10月からメニュー化したというではないか。奈良茶飯は元々、奈良・興福寺などの僧坊で食していた、米に栗や大豆などを加え、茶の煎じ汁で炊いたもの。ゴロゴロとした食感が楽しく、味も素朴で美味しい。短時間だったが弥次さん喜多さんの気分を味わった。

上：交流館の入口も宿場風。
中：万年屋の畳に座って川崎宿の歴史を紹介する映像が見られる。
下：２階展示室。床の絵地図で江戸期の宿場の配置がわかり、解説パネルで理解が深まる。

上：江戸時代の街道や宿場の様子を再現。
下：海外からの観光客にも人気の扮装コーナー。

川崎屋東照の「奈良茶飯風おこわ」。製造法や味付けは現代風にアレンジしている。

◎川崎本町郵便局
：川崎市川崎区本町 1-10-2
◎東海道かわさき宿交流館
：川崎市川崎区本町 1-8-4

59 藤沢本町局　かつては市の中心地だった遊行寺門前町

藤沢は1325（正中2）年に時宗総本山の清浄光寺（通称遊行寺）が開かれ、江戸期には東海道の宿場町として、遊行寺や江の島弁財天への参詣客で賑わった歴史ある街。今は藤沢駅周辺に移動した官庁街も、かつては遊行寺門前にあり、藤沢の郵便局本局も、現在藤沢本町郵便局がある辺りにあった。

旧東海道沿いには歴史ある老舗が今も残る。みつはし園茶舗は1910（明治43）年創業。店舗は関東大震災後の1925（大正14）年築で、住居の真ん中を突っ切り蔵へと続く石廊下などに昔の普請が窺える。三代目店主の三觜（みつはし）忠さんは昭和30年代の遊行寺開山忌の賑わいを覚えている。「通りに植木市が並び、お寺の境内にはサーカスや見世物小屋も出て歩くのが大変だったくらい」。だが自動車の通行が増えると市は取り止めとなり、露店も次第に規模を縮小した。「昔は近在からも買い物に来てくれたけど、今はショッピングセンターに行ってしまうので通りの店はだいぶ減った。この辺の人たちは良くも悪くもおっとりしているんです」。

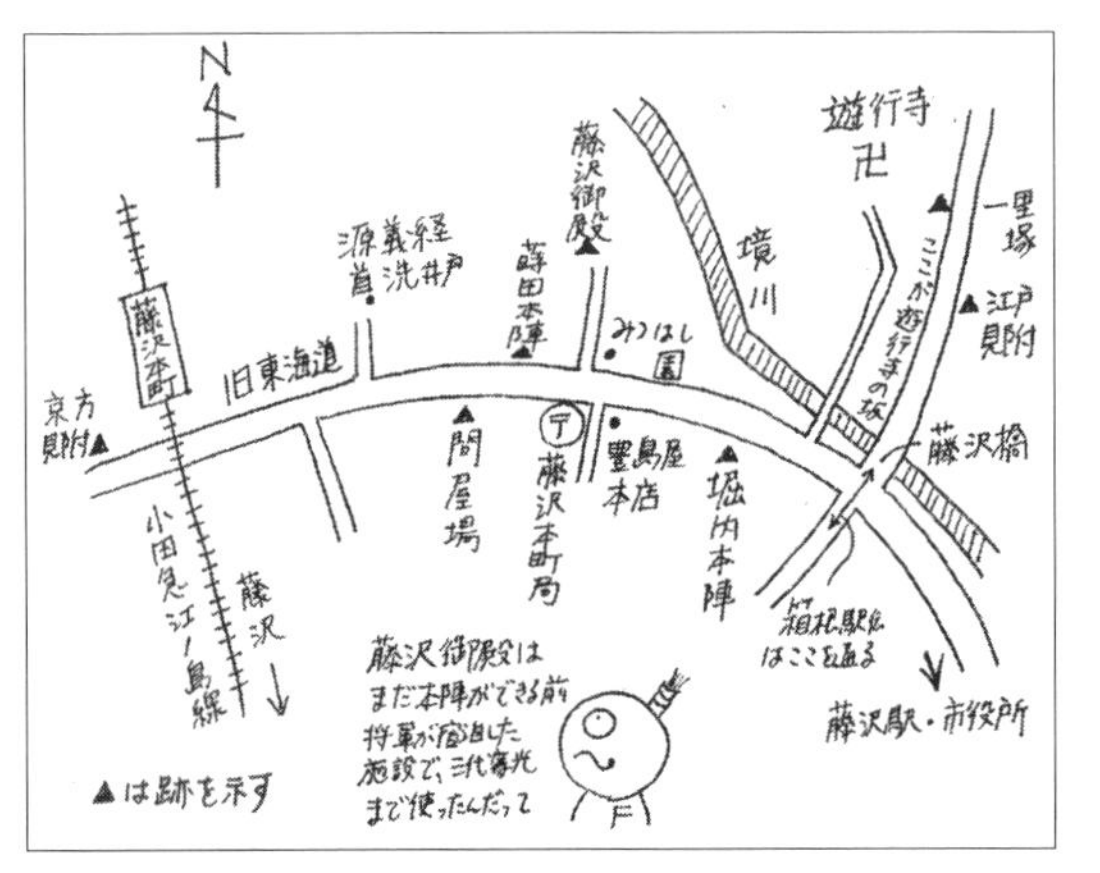

松露羊羹が名物の豊島屋本店は1849（嘉永2）年創業。久保田秀子さんは、幼い頃は開山忌に赤い着物

姿で化粧をして、遊行上人の稚児を務めていた。「お稚児さんは見世物小屋がタダになるんですよ。ガマの油売りは刀で切った傷がすぐに治るのが本当に不思議だった」と思い出す。1975（昭和50）年頃に改築したビル一階の店舗は久保田さんの意向でなまこ壁や格子などを取り入れ、宿場らしい風情を見せている。工場にあった菓子の精巧な木型を見せてもらった。かつては役所や銀行、大企業などが紋入りの菓子を御使い物にしたが、最近ではめっきり出番が減ったのも時代の流れか。

今、この辺りが一番賑わうのは箱根駅伝の時。遊行寺の坂は復路8区の難所で、近隣の人はヘリコプターの音が聞こえてくると藤沢橋まで見に出かける。三觜さんの妻・淑子さんは「特にどの大学を応援しているわけでもないけど、若い人たちが走る姿はきれいですよ」と話す。

ただし駅伝の観戦客は、選手を見送ると次のポイントへと集団移動してしまい、のんびり街を見物してはくれない。

もう一つ多いのが旧東海道を歴史散歩する人たち。藤沢本町郵便局の古澤智恵子局長は「先日も、東海道を歩くために北海道から上京されたお客様が、ここで風景印を押しがてら、不要になった荷物をゆうパックで家に送っていかれました」。そうした人たちは、かつてここが市の中心地として賑わったことを知らない。今年のお正月は遊行寺に参拝がてら、往時の面影を求めて門前町を歩いてみてはいかがだろうか？

上：1925年の建物を改築しながら使っているみつはし園茶舗。
中：店内には戦前から使っていた茶壺や木製の茶箱が残っている。
下：豊島屋本店。「通りの店はどこか1か所でも瓦を使うとか、皆でやれば街の魅力も出るんでしょうけどね」と久保田さんは提案する。

菓子の木型。

◎藤沢本町郵便局：藤沢市本町 1-4-26
◎みつはし園茶舗本店：藤沢市藤沢 1-2-3
◎豊島屋本店：藤沢市本町 1-3-28

60 港北局　昭和の初めに花開いた崇高な志の研究所

港北局風景印の下の方に、大倉山公園の梅林が遠慮がちに描かれている。1931（昭和6）年に東急電鉄が用地を買収し、乗客を誘致するために整備した梅林だ。この梅を見たくて東急東横線大倉山駅から傾斜のきつい坂を上って行くと、円柱が特徴的な洋館が突然現れた。1932年に実業家の大倉邦彦が大倉精神文化研究所として設立したもので、地名の大倉山もこれに由来していたのだ。現在は横浜市大倉山記念館としてホールや集会室などを貸し出している他、研究所も公益財団法人として館内に存続している。

大倉は1882（明治15）年、佐賀県に生まれ、洋紙商社・大倉洋紙店の系列会社に入社後、本社社長に見込まれ婿養子となり、実業家として大成功を収めた。そこで得た個人資産を自分の一番やりたいことに注ぎ込んだのがこの研究所だった。昭和の初め、哲学や宗教など精神に関する研究が進んでも、実生活に還元されていないと感じた大倉は、洋の東西を問わず書物を集めて提供し、市民の人格形成に役立てることで、ひいては良い社会作りに結びつけたいと考えたのだ。

当初候補地だった東京・中目黒は近代化が進んだため、郊外に目を移し、当地に白羽の矢を立てた。「大好きな富士山が眺望できて、丘の上で静かに思索できる環境が気に入ったのではないでしょうか」と研究所の研究部長を務める平井誠二さん（2017年春より研究所長）は推測する。往時、研究所には日本列島をかたどった庭があり、丘が地球で、建物は人間を表していた。建物内にも心や知性を表す場があり、人間の人格形成を支えることで日本や世界を良くしていこうという大倉の壮大な意志が、研究所の造形に表されていたのだ。

上：最盛期の1937（昭和12）年頃には1千本の梅があったという大倉山梅林。現在も約30種200本が咲き誇る。「商店街には美味しい梅のお菓子を販売する店もあってお勧めです」と林さん。
下：ギリシャ神殿風の建築はプレ・ヘレニック様式といい、旧北海道銀行などを手がけた長野宇平治が設計した。建物は81年に横浜市に寄贈し、91年には市有形文化財に指定された。

後に大倉は東洋大学の学長に就任、ラジオなどにも出演し、社会に大きな影響力を持った。戦後は国家主義的な思想の持ち主と疑われ、A級戦犯容疑者として巣鴨プリズンに収監されたこともある。1年半後に疑いは晴れて釈放された。人を惹きつける魅力があった一方、私生活では二度の離婚、三度の結婚をし、1971（昭和46）年に89歳で波乱万丈の一生を終えた。現在では駅名の方が有名だが、今から80年前、一人の実業家が崇高な志のもとに、この地に研究所を築いたのは、実に興味深い。

大学院で江戸時代を専攻していた平井さんは、縁あって当所では大倉や港北区周辺の研究をすることになったが、「大倉の根底にあったのは研究で得た成果を社会に還元すること。私もその遺志は受け継いでいきたい」と話している。図書館やエントランスホール、ロビーなどは開館時なら誰でも利用できる。観梅がてら、足を踏み入れてみてはいかがだろうか。

貴重な研究資料だけでなく大衆小説などもある書庫。

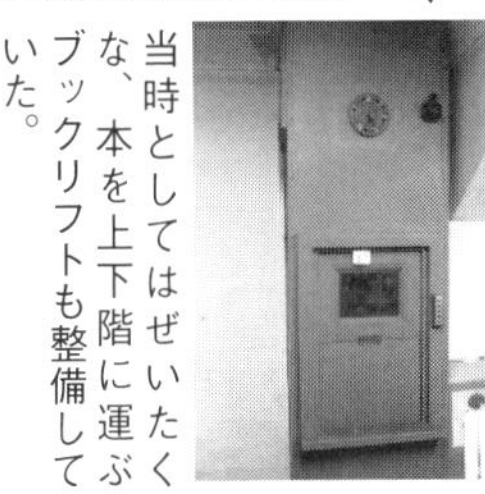

当時としてはぜいたくな、本を上下階に運ぶブックリフトも整備していた。

中央階段に立つ平井さんと研究員の林宏美さん。内部も神殿風。

◎港北郵便局
：横浜市港北区菊名6-20-18
◎公益財団法人大倉精神文化研究所附属図書館
：横浜市港北区大倉山2-10-1

61 新横浜駅前局　２００２年の興奮が静かに息づく場所

日産スタジアム（横浜国際総合競技場）はサッカーワールドカップ（Ｗ杯）日韓大会の決勝戦の地。同大会に向けて１９９７年に完成した。試合やイベントの無い日には、ボランティアがガイドをしてくれる「ワールドカップスタジアムツアー」を実施していると聞き、体験してみた。

集合場所は東ゲートのスタジアムショップ。バックスタンドから観客席に入り、ぐるっと回ってメインスタンド側へ。最大の目玉は２００２年6月30日、ドイツを破って優勝したブラジルチームの様子がそのまま再現されたロッカールームだ。ホワイトボードには監督が記したメッセージがある他、ロッカーにはロナウドやカカ、ロナウジーニョら名だたる選手のサインも拝める。ウォーミングアップルームの壁には実物大のゴール枠が描かれていて「せっかくだから、蹴ってみませんか」とガイドさんに勧められた。ボールを蹴ると、ポコッと音がして、我ながら笑えるほどのへっぽこキックだった。

メインスタンドにはＶＩＰ席があり、そこに座った人物の名前付きカバーがかかっている。ペレやマラドーナら往年の名選手に交じって天皇皇后両陛下の席もある。意外と硬い材質の椅子に座ったんだなあと思ったら、当時はもっと豪華な椅子だったそうな。納得。ピッチの芝は夏芝と冬芝を混合して、一年中緑色の状態を維持している。ツアー参加者にはこの芝生の〝種〟がお土産として配られるのもユニークでなんだか嬉しい。１周約１㎞、時間にして約60分の小旅行だ。

03年のツアー開始当初からガイドを務める村田博さんは、Ｗ杯時には横浜市のボランティアとして海外からの旅行者に道案内をした。本大会のひと月後に開催された知的障害者のW杯では、特技の仏語を活かしてアフリカ・マリのリエゾン（連絡係）になり、1週間選手と寝食を共にした。「経済的に豊かな国でなく、すね当てが無くて他国から借りたりもしました。でも選手たちは誇らしげで、W杯というのはそれくらい世界中の人が憧れる国際イベントなんだと感じましたね」。

その思い出の場所で、翌年からはガイドを続けている。実は元々サッカーには興味が無く、退職後の生きがいにと始めたことだった。「でも今はテレビ中継があると手に汗握って見てしまいます」と笑う。ツアーにはピーク時の2003年に年間1万3千人、現在も年3〜4千人が参加する。「子供時代にテレビでW杯を見て、その現場が見られたと感動してくれる人もいる。今後もこのスタジアムが愛してもらえるよう、どうしたらより魅力が伝わるかを考えていきたい」。ここでは2002年の熱狂が、今も静かに息づいているのだ。

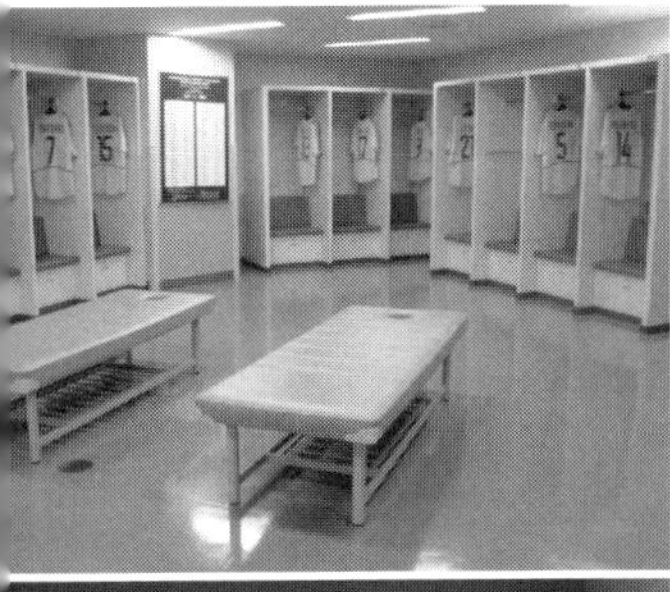

上：2002年のブラジルチームのロッカールームがそのまま保存されている。
中：ホワイトボードに残ったブラジルの監督の文字。優勝年を2つ合わせると3964となるジンクスから2002、2006年もブラジルが優勝すると予言している。
下：ロッカールームからピッチに上がる選手の気分も味わえる。観客席は7万2千人を収容する。

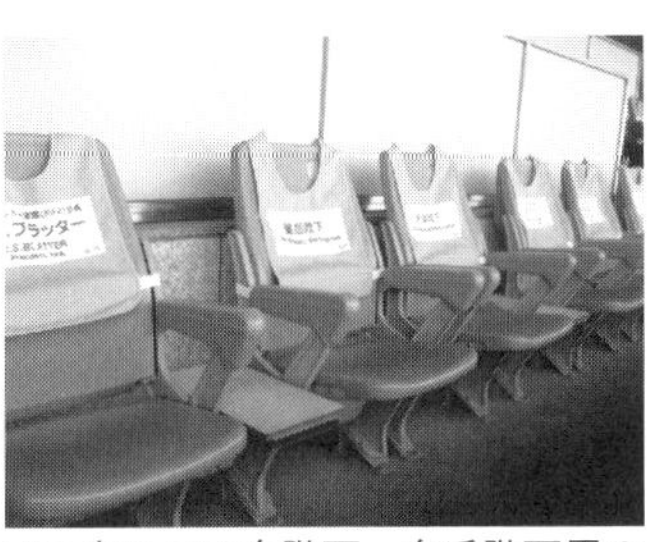

VIP席には天皇陛下、皇后陛下用の席も。

ツアー参加者は芝生の種がもらえる！

◎新横浜駅前郵便局
：横浜市港北区新横浜 2-5-14
◎日産スタジアム
：横浜市港北区小机町 3300

62 深沢局　春の陽気に誘われて梶原氏の史跡巡り

鎌倉市の深沢郵便局の風景印には、桜の中を走る湘南モノレールが描かれている。この光景を見たいと、湘南深沢駅で下車して軌道を見上げながら徘徊していたら、それらしき光景を発見した。その時は写真に収めただけで満足して帰ったが、史跡の多い面白そうな土地だと知り、再訪したのだった。

郵便局から徒歩7～8分、深沢小学校の敷地内には中世の武将・梶原景時とその子・源太景季らのものと伝わるやぐら（横穴墓）がある。景時は源頼朝に重用されたが、讒言が多かったため御家人仲間に恨まれ、頼朝の死後、今の静岡県清水市で景季とともに謀殺されている。事前に申し込みをして、校舎裏にあるやぐらを見学させてもらったところ、4基ある供養塔はどれも素朴なもので、言われなければ景時のものとは気づかなそうだ。小学校の隣には梶原氏の祖を祀る御霊神社もある。草むらでガサゴソ音がしたので、ネコかと思って目を向けたら野生のタヌキだった。暖かい陽気に誘われて出て来たかな？

清水で殺害された後、息子・景季の腕が妻・信夫へ送られてきた。佛行寺にはその腕を埋めたという「源太

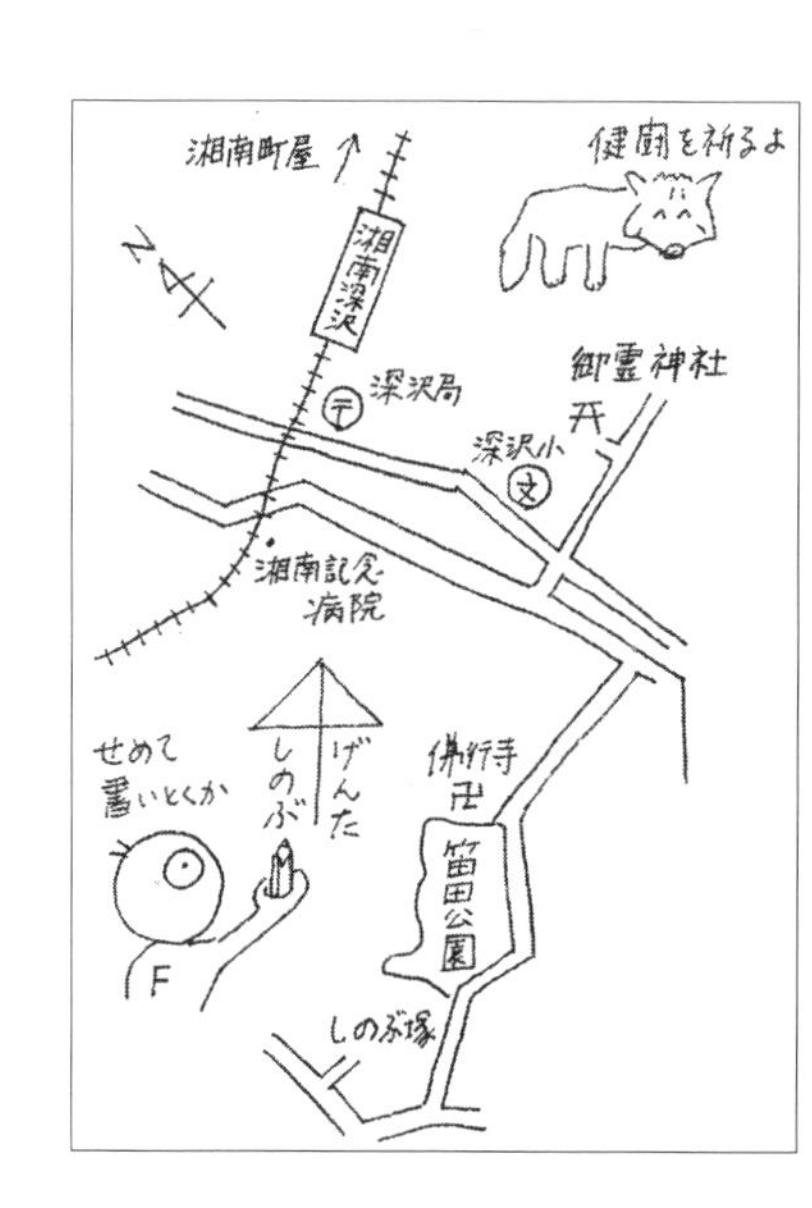

塚」がある。当寺の境内はすり鉢状の斜面に古い板碑や檀家の墓が並んでおり、30mほど上り詰めた頂上に源太塚がある。直径8mほどの円形に石垣を積み、その中心に土盛りをしている。ずいぶん立派な塚だと思って住職に尋ねたら、これは先代が1972（昭和47）年に整備したもので、それまでは朽ちたカシの根っこと小さな塔があっただけだそうだ。「それでも、これだけ高い場所にわざわざ塚が作られたんだから、地元では愛されていたんでしょうね」。無残な最期を迎えた景季も少し救われた気がする。

夫の死をはかなみ自害した妻・信夫を供養する「しのぶ塚」も近くにあり、この2つの塚は互いに向き合って立っているという。うーん、でもこの源太塚、どこを向いているのか分からない。ひょっとしたら先代は、どこが正面でもいいように円形の塚にしたのかも……？

こうなったらしのぶ塚も見なくてはと鎌倉山を上っていくと、高級住宅街の空き地に、石碑だけがポツンと建っていた。ところが碑は、佛行寺からは90度ほどそっぽを向いているではないか。ああ、悲しき源太塚。だが碑は後年建てたものだろうし、区画整理の影響もあるはずで、元々は向き合っていたに違いないと半ば強引に納得して帰ることにした。モノレールの桜に始まり、思いがけず梶原氏に肩入れをする散歩となった。

上：深沢小学校校舎裏にある梶原景時らの供養塔。
下：野生のタヌキもお参りに訪れた？

かなり立派な源太塚。名前を彫った石碑は参拝客が上ってくる階段向きに建っていて、しのぶ塚の方向とはやはりずれている。

住宅街に単独でたたずむしのぶ塚。

◎深沢郵便局
：鎌倉市常盤 60-3
◎鎌倉市立深沢小学校
：鎌倉市梶原 1-11-1
◎佛行寺：鎌倉市笛田 3-29-22

63 下曾我局　唐傘の炎に親を思う気持ちを託して

下曾我局の風景印の主題は「曽我の傘焼きまつり」。唐傘を燃やす珍しい行事は、中世に起きた曽我兄弟の仇討ちに由来する。兄弟が父親の敵を討った夜、雨で消えてしまった松明代わりに傘に火を点けたというのだ。江戸時代の歌舞伎役者・市川団十郎が曽我五郎を演じている切手とマッチングをする。仇討ち決行の5月28日にちなみ毎年5月に開催する祭りを見物した。

JR下曽我駅で降りると、駅前商店街の二階の高さにロープが張られている。快晴の青空に点々と吊るされた古風な唐傘が何とも趣深い。やがて武者行列パレードが始まり、地元の人たちが扮した曽我物語ゆかりの人物たちが歩いていく。途中、まき銭があったので頑張って参戦すると、五郎十郎兄弟にちなんだ5円玉、10円玉の入った小袋がいくつか手に入った。これは使わずに大事に取っておこう。駅前の梅の里センターでは、歌川広重の浮世絵などを使って曽我物語を解説しているので、学習すると話が分かりやすくなる。

やがて近くの曽我神戸公園でメインイベントの傘焼き神事が始まった。事前に希望者を募り、願い事を書き入れた傘が20本ほど集まっている。眺めていると曽我兄弟遺跡保存会のメンバーが傘の柄を思い切りよく他の傘に突き刺し始めた。もったいない気がしたが、バラバラのままだと火を点けた傘が風に飛んで危ないのだ。神主さんによるお祓いが済んで、火を点けると勢いよく炎が上がる。近づくと顔が熱いくらいだ。やがて傘を全て焼き尽くすと、静かに鎮火した。私は日曜昼に出かけたが、土曜夜なら歴史さながらの松明行列も見られる。

保存会は1958（昭和33）年に結成。従来の会場が使えなくなり2年ほど祭りを休止した期間もあったが、

上：駅前商店街を曽我物語に関連の武者行列が行く。
中：組み重ねた唐傘から炎が上がる。
下：子供相撲も祭りの見どころの一つ。旭丘高校相撲部の部員やOBが子供たちに相撲を指南する。

地元の強い意向で復活したと保存会前会長の関野弘行さんが教えてくれた。たくさんの唐傘は、「昔は旅館が古くなったのを奉納してくれていましたが、さすがに最近は出なくなったので、新規に購入しています」とのこと。

ちなみに武者行列の参加者は募集制で、案外20代のサラリーマンや高校生の応募もあるという。さらに地元の小学生たちが曽我兄弟の劇を作って、前夜祭で披露もしたとか。曽我兄弟は地元では若い世代にもなじみが深いのだ。「親を敬う気持ちが廃れてきている今、18年かけて仇討ちをした曽我兄弟の物語から、親を思う気持ちを感じてもらえたら嬉しいですね」と関野さんは話している。

下曾我郵便局の前にも唐傘。

まき銭の収穫。一部は歴史好きの風景印仲間に分けた。

◎下曾我郵便局：小田原市曽我原 560
◎梅の里センター
　：小田原市曽我別所 807-17
◎曽我神戸公園
　：小田原市曽我谷津 614 -7

64 川崎中野島局

〝秘密の花園〟に遊園地の思い出

小田急線向ヶ丘遊園駅から藤子・F・不二雄ミュージアムを目指して歩いていき、少し手前で右に折れて坂道を上る。100段ほどある階段も上る。そして息が上がった頃に、目の前にご褒美のように広がっているのが「生田緑地ばら苑」だ。高台にあるため、ばら苑からは人家が見えず、森の中の〝秘密の花園〟といった趣がまた人気の理由だ。

1958（昭和33）年、向ヶ丘遊園の開園30周年を記念して小田急が開設。品種の多さでは東洋一といわれ、皇族なども来苑した。しかし2002年には利用者の減少で母体の向ヶ丘遊園が閉園。ばら苑だけは川崎市が引き継ぎ、以来、春と秋に約半月ずつ無料公開している。

2015年、川崎市緑化センターから苑長に就任した関口正敏さんに見どころを尋ねると、プリンセス・ミチコなど皇室ゆかりの品種を集めたロイヤルコーナーはやはり人気が高いという。ピースなど、世界バラ会連合が選ぶ「バラの殿堂」入りを果たした15種類が全部揃っているのも自慢だ。さらに「匂いにも注目してもらおうと、フルーティーな香りやスパイシーな香りなどシールを貼って案内しています。見るだけでなく、ぜひ鼻を近づけて香りも楽しんでください」。現在は約530種4700株が咲き競う。珍しい青のブルー・ムーンと、外縁が赤く中が白いベティ・ブープ。全てを覚えるのはとても無理なので、特に印象に残った2種類だけを覚えることにした。「多い日には1万人来苑することもあり、車いすの方も大勢来られます。押して転ぶと、バラにはとげがあるのでケガにもつながる。ぜひ譲り合って見て下さい」と関口さんは呼び掛けている。

苑の管理運営には30人ほどのボランティアが携わって

いる。「自宅でもバラを育てている愛好家が多くて、熱心に質問をされるし、私の方が教わることも多いんです」と関口さん。しかも公開は年に40日前後だが、デリケートなバラを守るため、それ以外の季節も2日に一度管理に集まるというから頭が下がる。

関口さん自身も多摩区の生まれで、子供の頃から遊園地にもばら苑にもなじみが深かった。「ここは桜もきれいで、よく両親に連れられて遊びに来たものです。遊園地がなくなる時は寂しかったけれど、思い出の場所で働くことができるなんて感無量ですね」。そんな思い出に誘われてやってくる人も多いのかもしれない。

上：向ヶ丘遊園駅から来ると、モノレールの軌道跡を利用したばら苑アクセスロードに出る。ここからすでにバラ鑑賞は始まっている。
下：苑は入り口付近が一番高く、パノラマ状に見渡せる。

ベティ・ブープは往年の米国人気アニメ、コケティッシュなベティさんをどこか彷彿させる。

左：長い階段を上っていくと、そこに秘密の花園が広がっている。
右：近隣には昔から野バラが自生していた。小さくてかわいい花をたくさん咲かせる。

◎川崎中野島郵便局：川崎市多摩区中野島 1-27-1
◎生田緑地ばら苑：川崎市多摩区長尾 2-8-1

65 横浜旭局

半世紀前は国民的偉人だった畠山重忠

横浜旭局の風景印には鎌倉時代の武将・畠山重忠を顕彰する古戦場跡碑が描かれている。恐縮だが、重忠のことはほとんど知らなかったと話すと「昔は唱歌にも歌われたけど、今は旭区に住む大人でも知らないからねえ」と旭ガイドボランティアの会会長（当時）の大村雄五さん。副会長（当時）の鈴木安広さんが「智・仁・勇の三徳で有名な人なんですよ」と補足してくれる。

源頼朝に最も頼りにされた重忠にはエピソードが多い。一の谷の戦いでは急な崖を馬を背負って下ったといわれる（勇）。静御前が源義経を偲びつつ舞った時には銅拍子を打ち、教養のあるところも見せている（智）。頼朝の死後、政権を狙う北条時政に陥れられそうになると、家臣は本拠地だった現在の埼玉県嵐山町に戻るべきと進言するが、重忠は忠誠を重んじて鎌倉に向かう（仁）。その道中の当地で北条軍と戦いを繰り広げ、42歳で生涯を閉じたのが１２０５（元久２）年のことだった。

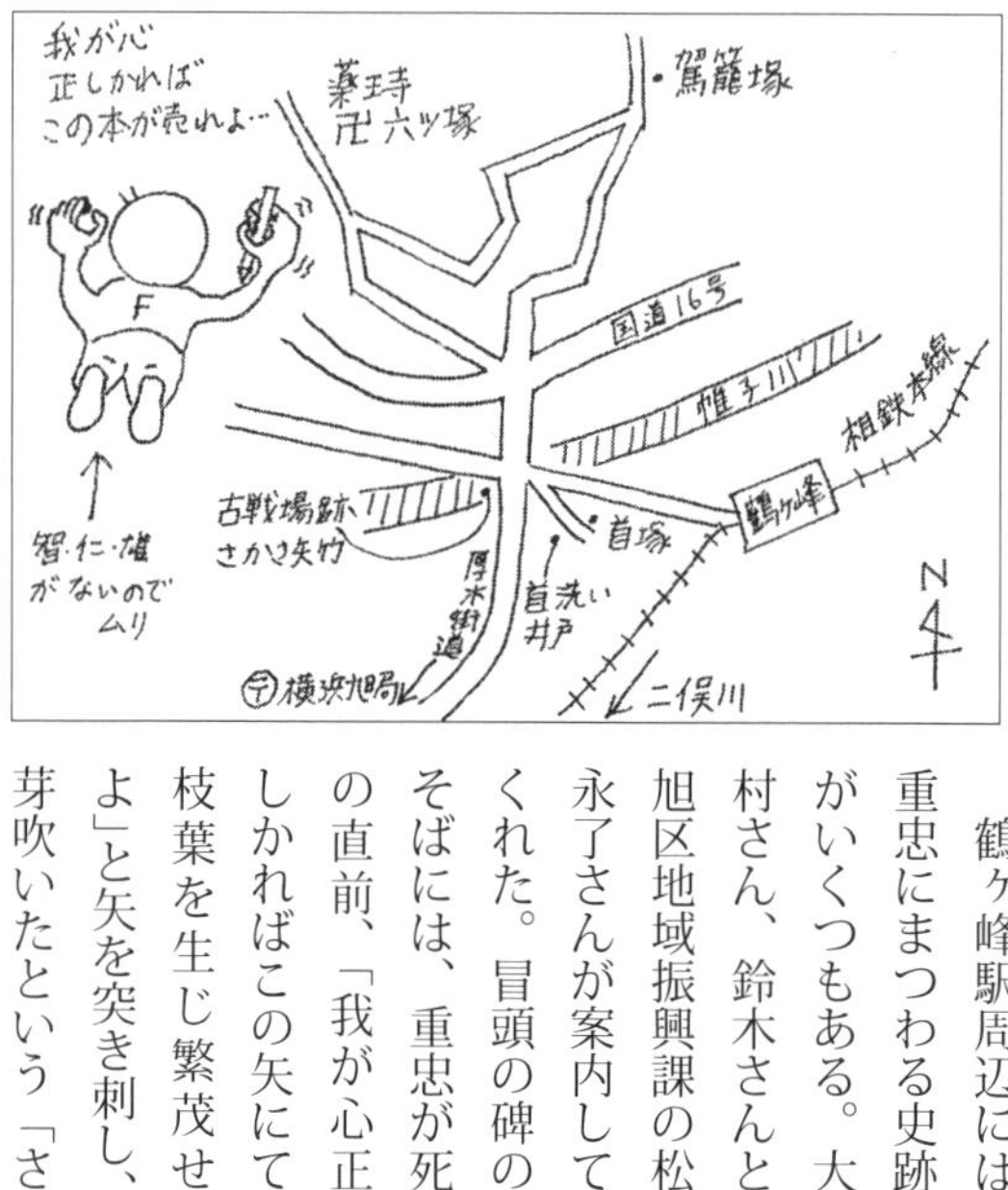

鶴ケ峰駅周辺には重忠にまつわる史跡がいくつもある。大村さん、鈴木さんと旭区地域振興課の松永了さんが案内してくれた。冒頭の碑のそばには、重忠が死の直前、「我が心正しかればこの矢にて枝葉を生じ繁茂せよ」と矢を突き刺し、芽吹いたという「さ

かさ矢竹」。区役所の裏手には重忠の首を祀った「首塚」。重忠の死を悲しんだ内室が自害し、駕籠ごと埋葬された「駕籠塚」など。重忠や一族郎党１３４人を埋めたと伝わる「六ツ塚」がある薬王寺では、毎年命日の６月22日に慰霊祭を行ない、畠山家の子孫を含めた80人ほどが集まる。午前10〜11時ごろに法要を行ない、舞踊・重忠節などを奉納する。

他の寺から11年ほど前（２０１５年時点）に住職となった喜田孝彦さんも、就任してから重忠のことを勉強した世代だが「普通の檀家さんでも33回忌くらいになると法要を忘れるものです。それが８００年以上も続いているのだから羨ましい話です」と話す。確かに我が身に置き換えてみればそうだ。慰霊祭は宗派を超えて催すといい、現代においても重忠は、地域の結束に一役買っているのだった。

史跡を巡りながら松永さんが「人格がパーフェクト過ぎるんですかねえ」と呟いた。確かに少しくらい欠点があった方が人に愛されるものだ。勤勉で忠誠心が強かったので、半世紀ほど前までは全国的に名の知られた偉人だったが、今では切手になっている那須与一の方が、共に平家を攻めた武将の中でも知名度は上かもしれない。だが大村さんや鈴木さんがガイドをすると、その人柄に好感を抱く人も多いそうだ。神奈川ゆかりの武将に対する再評価が進むことを期待したい。

上：風景印になっている畠山重忠公古戦場跡碑。
下：六ツ塚の前に立つ（左から）鈴木さん、喜田さん、大村さん。６つのうち最も立派なものが重忠の塚とされている。

首塚には小さな祠にお地蔵さんが祀られている。区役所のすぐ裏にこの塚があることを知らない人も多い。

◎横浜旭郵便局
：横浜市旭区本村町 44-2
◎薬王寺：横浜市旭区鶴ケ峰本町 2-14- 1

66 宮前局　一子相伝の舞と古代から息づくシラカシ

見学した時は、社殿に地元の人たちが入り切れぬほど集まっていた。特筆すべきは猿田彦命や図案の天鈿女命など5つの神々を、面や衣装、持ち物を変えて、たった一人で演じ分けることだ。本職の能役者顔負けである。

直穂さんの娘の昌美さんは10歳から太鼓を叩いていたが、最近になって舞の練習を始めた。「子供の頃は舞台に立つのが恥ずかしくて嫌でしたが、今は歴史を継いでいく重みを感じています。猿田彦命は気性が荒く、天鈿女命はおしとやかに小股で舞うなど、それぞれの性格が仕草に表れるので見比べていただければ」と話している。毎年7月と9月の第3土曜に催される。

いっぽう、印面左の葉っぱはシラカシだ。なぜシラカシか調べてみたら、宮前区内の県立東高根森林公園にシラカシ林というのが見つかった。その林に囲まれるように古代芝生広場が広がっている。昭和40年代、住宅地の開発をしようとしたところ、この場所で弥生時代から古墳時代の竪穴住居跡が発見された。また、かつて関東地

宮前局の風景印に能のような図柄が見えるのは、白幡八幡大神の禰宜舞。禰宜(ねぎ)とは神社の神官のことで、文字通り神官が舞うのだ。川崎や東京・大田区で数例見られるようだが、まさか神官が舞うとは想像だにしなかった。

そもそも同社の創立は1061(康平4)年まで遡る。源頼義が奥羽征討に出かける際、使命が果たせたら10里ごとに八幡社を造ると誓い、その一つめが同社だった。神官の小泉家は1590(天正18)年に任命されて以来、現在の直穂さんで25代目。禰宜舞は1600(慶長5)年の関ケ原の戦いで徳川家康の戦勝祈願に舞ったのが始まりとされ、一子相伝で400年以上伝えられてきている。

方の台地や丘陵を広く覆っていたシラカシ林は開発で姿を消しつつあるが、ここでは奇跡的に自然林に近い形で残っていた。この遺跡とシラカシ林を保護するために1978（昭和53）年に整備したのが東高根森林公園なのだ。

現在生育しているシラカシは古くて樹齢150～200年だが、ここには古代からシラカシが生えていて、その枝で農具を作って耕作していたと考えられている。今、家族連れで賑わう広場の下には遺跡が眠り、古代人が農耕をしていた。公園にはそうした歴史を踏まえて稲作田ゾーンがあり、7月頃には青々とした稲田が広がる。古代植物園では縄文時代から平安時代の衣・食・住に用いた植物約80種類も見られる。

1千年近い歴史を誇る神社と古代の遺跡。神奈川の長い歴史に思いを馳せさせる一印である。

上：白幡八幡大神の社殿。この中で禰宜舞を行なう。
中：客席は大勢の客で埋まっている。
下：赤い面で鼻の高い猿田彦命の舞。

シラカシ林に囲まれた古代芝生広場。

舞の後には餅が振る舞われた。

◎宮前郵便局
：川崎市宮前区有馬 4-1-1
◎白幡八幡大神：川崎市宮前区平 4-6-1
◎県立東高根森林公園
：川崎市宮前区神木本町 2-10-1

＊風景印で手紙を出そう！

風景印が誕生した1931（昭和6）年頃には、もちろん携帯やスマホなんてありませんでした。今では旅先で写真を撮ってすぐにメールできる代わりに、当時は旅先から絵葉書を出すのが大人気だったのです。それでどうせなら絵葉書に合う消印を作ろうということで生まれたのが風景印。つい収集目線で見てしまいますが、本来の目的である「手紙を出す」ことにも活用したいところ。使い方によっては非常に洒落たお便りになります。

例えば横浜岡村局は学問の神様で有名な岡村天満宮が題材。絵馬も描かれていて、受験生に合格祈願の手紙を送ったら良いエールになりそうです。静岡鷹匠局はなんと「一富士二鷹三茄子」が図案。お祝いの手紙を出したら気が利いています。

ハート型の散岐局はバレンタインデーや、嬉し恥ずかしラブレターに。

父の日や母の日に、バラやカーネーションの風景印で日頃の感謝をしたためるのも、心がこもっていて素敵です。

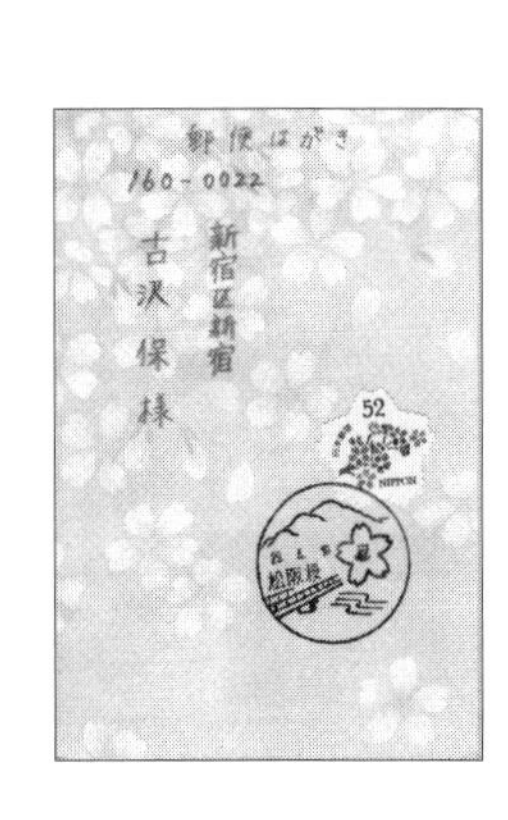

桜便りのように、市販の絵葉書に切手と風景印をマッチングさせた美しい季節のお便りもいいですね。

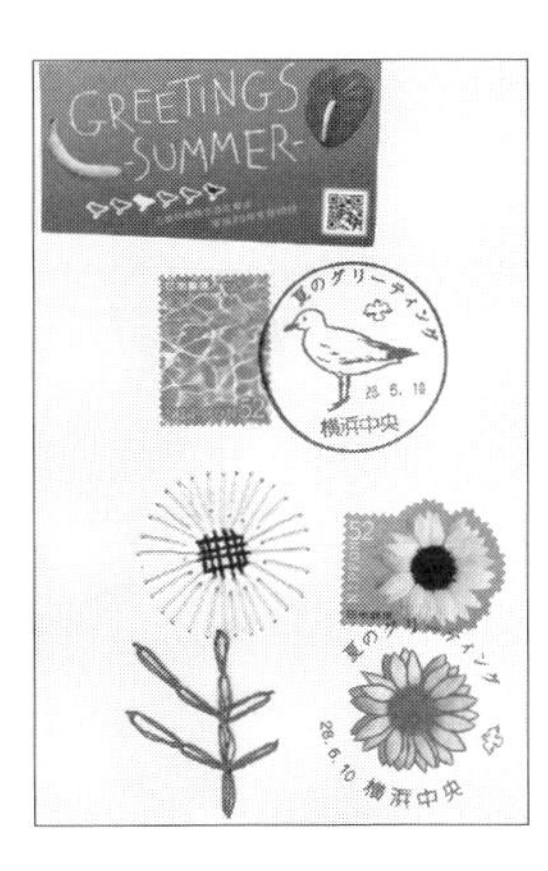

私の家には、ありがたいことにほぼ毎日のように、きれいなお便りが届きます。

友人でデザイナーの安田ナオミさんからは、自作のハロウィンの絵葉書がカボチャの風景印で届きましたし、絵手紙作家の室谷亜紀子さんは消しゴムはんこで作ったクリスマスカード（押してある消印は小型印）。

いつも中澤さか枝さんと母娘で集印に出かける中澤眞理子さんは、ひまわりの花をなんと刺しゅうで表現してくれました。紙の葉書に針と糸で刺しゅうしてしまう斬新なアイデアは、仲間うちでも衝撃でした（消印は切手の発売日に使用する絵入りハト印）。

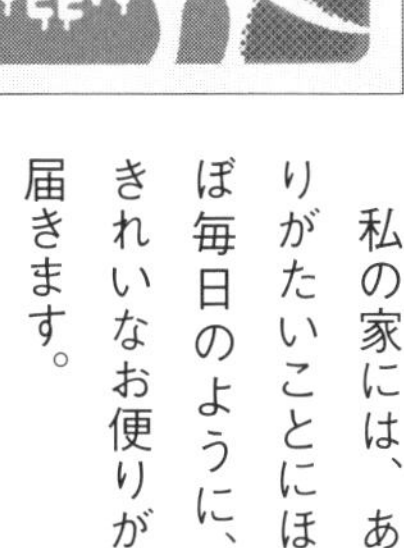

近松圭子さんからは、神奈川新聞の連載を読んで早速、「城山かたくりの里」に行ってきたという嬉しい絵手紙が届きました。

木村晴美さんの葉書は、おなじみ鳥獣戯画がいつの間にか風景印の箱根の景色に紛れ込んでいる不思議なお便り。

松澤由加里さんと渡辺由香さんはふたりで「ハイ！レター協会」を結成して、イラストと切手や風景印を融合したお便りを制作しています。

松澤さんの「桃太郎サミット」は、風景印の周りに絵を描き足して3つの印を一幅の絵に仕立ててしまっています。　渡辺さんの「沖縄」は風景印に色鉛筆で塗り絵をしてしまう大胆さ。どちらも笑いを誘うゆるい文章とともにセンスを感じます。

こうした「作品」と呼びたくなるお便りを、私一人だけが見ているのではもったいない、多くの方に見ていただきたいと思って始めたのが、P159で案内している「FKD48総選挙」です。これまでの結果は私のブログ「風景印の風来坊」で見られるので、ユニークなお便りの世界を楽しんで下さい。

とはいえ、誰もが手先が器用というわけではありません。

東京駅の葉書は私がデジカメで撮ってプリントしたものですが、これでも十分、雰囲気のあるお便りは作れます。それに普通の官製はがきに地元の風景印を押して、「ここに描かれているのは○○といって、私の地元はこんな景色のところなんだよ」と出すだけでも、相手にはきっと嬉しいお便りに違いありません。

メール全盛のこの時代、風景印で温もりのある手紙を出してみませんか？

67 緑局　10年の苦労が結実した〝浜なし〟

果物の季節到来、横浜といえば浜なしだ。市内でのナシ作りは主に昭和20年代に始まり、昭和40年代以降に本格化した。特に緑区の恩田川と鶴見川に挟まれた地域は農園が集中している。

1950～60年代に米と野菜を作っていたある農家では、71（昭和46）年、横浜市のフルーツパーク設定事業を受け、ナシ作りに乗り出した。だが「女性でも簡単にできる」という触れ込みに反し、棚作りや鳥除けのネット張りが重労働な上、売物になる実ができるまでの10年は残した野菜畑で食いつなぐ状態だった。10年後、いよいよ販売を開始しても知名度が無いから売れない。仲間で住宅街を歩いて無償で食べてもらった。それが功を奏し、2年目からは人気爆発。作っても作っても足らず、畑を10倍に拡大する農家もあった。先輩農家には「俺たちは宝くじに当たったようなもんだ」と話す人もいたという。

浜なしのおいしさの秘密は樹上で完熟させ、最もおいしいタイミングで収穫すること。通常の流通ルートには乗らず、直売所でもすぐに売り切れてしまうので「幻のナシ」と呼ばれる。昨今は第一世代が高齢になり、来園客に対応しきれず、もぎ取り農家は激減している。

実はここの主人も20年目くらいに、ナシをやめようかと迷ったことがあるという。だが栽培知識の豊富な人と出会い、立ち直った。このまま地球温暖化が進めば、60年後には関東で果物が作れなくなると予想する学者もいるが、横浜市民の喉を潤す浜なしにはずっと生き残ってほしい。

上：浜なしとは横浜で作るナシを総称したブランド名。豊水や幸水など、農家によって作る品種は異なる。
下：ブドウやクリ、カキなども作る農家が多い。

◎緑郵便局：横浜市緑区中山町149―4

69 山北局　2頭立ての野趣あふれる氏子流鏑馬

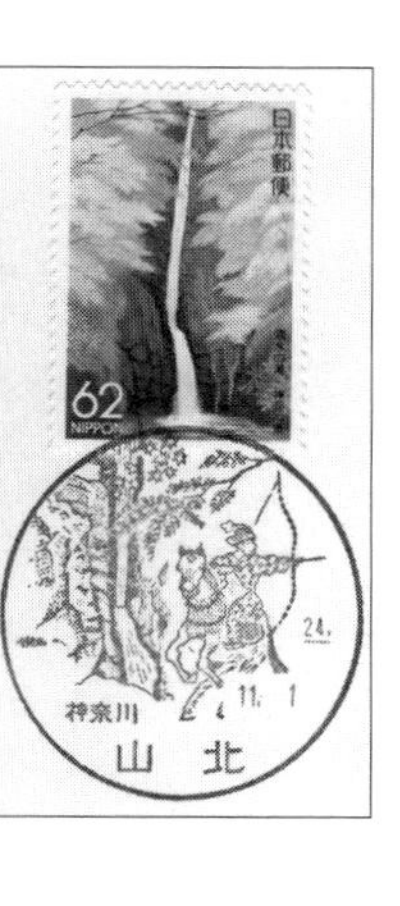

流鏑馬神事の多くは第37回で紹介したように、武田流や小笠原流の専門家を招いて行なうが、山北町の室生神社流鏑馬は氏子たちが馬に乗って射手を務める珍しい例だ。１１９０（建久元）年、領主の河村義秀が平氏方に味方して処刑されそうになったのを、鶴岡八幡宮の流鏑馬で妙技を披露して許された。その歴史を受けて、氏子たちが継承するようになったのだ。

現地でまず驚くのは、神社の前の舗装路３４０ｍほどに砂を敷いて馬場にしていること。普通の民家と民家の間を馬が駆け抜けるのだ。露払いと射手、2頭立てで走るのも珍しい。露払いの扇を合図に射手は弓を引く。本番は2人が交代で露払いと射手を務め、全5本を走る。あぶみは無く、馬体に巻いたさらしを足で押さえて、手綱で乗りこなす。何とも野趣あふれる流鏑馬だ。

保存会会長の山崎郁夫さんは１９５８（昭和33）年生まれ。29歳の時に当時の射手が年配になり、祖父が射手をしていた縁で、乗馬をしたこともなかった山崎さんに代替要員として白羽の矢が立った。3年目で本番の射手を任命され、以来20年間で約10回儀式を務めた。「最初の年は頭が真っ白になって何にも覚えていないです」と話す。

本番の1週間前になると小田原の御幸の浜でみそぎを行なう。以後、本番までは食事も洗濯も女人の手を借りてはいけない。「仕事から帰ってきて炊事する気にもなれないので、カップラーメンやお茶漬けばかりになるのがつらいですね」。身内に不幸があった人はその年は射手になれないのも神事ならでは。ある年は喪中者が相次いだため、流鏑馬自体が中止になってしまった。

当日は朝7時過ぎに馬に乗ると、16時に儀式が終わるまでは、ほぼ馬から降りられないため、水分も我慢する。かなり研ぎ澄まされた状態で本番に臨むということだ。2頭の間隔が近すぎると、前の馬が蹴った砂が後ろの目に入ってしまうので、一定の距離を保つことに気を配る。的は一瞬で過ぎ去るが、背中に聞こえる観客たちの声で当たったか外れたかはわかるという。「無事に3本当てた時は、嬉しいよりも大役を果たしてホッとする気持ちが強かった。自宅へ帰って見る家族の安心した顔がご褒美で、妻の作るそばが美味しかったです」と振り返る。後進の育成に当たっている今も、11月が近づくと身が引き締まる。

【後日談】 例年9月に山北町内の河村城址歴史公園で河村城まつりが開催されている。2017年、保存会にも参加してほしいとお声がかかったそう。「祭りには河村氏の子孫の方々も大勢来られます。デモンストレーションとはいえ、河村氏の方々に見ていただけるのは光栄です」と山崎さん。きっと河村義秀も喜んでいるに違いない。

上：儀式の前に馬場を塩で浄める。地域に根差した儀式のため近所は協力的。砂を浴びた観客たちも「ご利益ご利益」と喜んでいた。
中：最初は法被姿で裸馬に乗り、馬場駆けをする。
下：いよいよ本番。昭和30年代までは馬を飼う農家もまだあり、農耕馬や運送馬が流鏑馬に参加した。今は山梨県の牧場から在来種の馬を借りている。

見事、矢が命中した的。

早めに着いたのでまず洒水の滝へ。見物できる一の滝の落差は69m。「洒水（しゃすい）」とは密教用語で「清浄を念じて注ぐ香水」のことだそう。

◎山北郵便局：足柄上郡山北町山北191
◎室生神社：足柄上郡山北町山北1200

70 青葉台局　市街地からバスで10分の里山

寺家（じけ）ふるさと村。何だか懐かしさを呼び覚ます名前だが、東急田園都市線の青葉台という、非常に開けた駅からバスでわずか10分の場所にある。古くから農業が盛んで、田畑や里山の環境はそのまま生かしつつ、自然、農業、農村文化を体験してもらう狙いで１９８７（昭和62）年に整備した。地区面積86・１haのうち農地が29・２ha、山林が23・１haを占め、植物６１０種、鳥類64種などが見られるという。

総合案内所である四季の家では多数の講座を実施している。「野草を観る会」の講師・三田和義さんは横浜市内の市民の森なども回ったが、ここほど野草の種類が豊富なところはないと話す。ツチアケビ、ギンリョウソウ、エビネ、タマノカンアオイ……。落葉樹が多いため冬場に日当たりがよく、堆肥にも事欠かないからだ。「その分、希少品種を盗掘に来る人もいて、監視して撃退したこともあった。貴重な自然を維持できるよう、行政が力を入れてほしい」と訴える。毎月参加している女性は「翌月に来ると花が実になっていたり、景色が変わるのが楽しい。それが見たくて藤沢市から通っているんです」とすっかり寺家ファンだ。

農家の大曽根妙子さんは、四季の家で毎週末、採れたての野菜を直売している。新鮮そのもので値段も安いため、あっという間になくなっていく。昔は市場に出荷していたが、隣に大型団地などができて以降、直売専門に変えた。「大勢の人が美味しいと言ってくれて嬉しい一方で、近年は農家もお客さんたちも高齢化が進んできた。以前の方がもっと活気があったかな」と話す。後継者のいなくなった農地に外部の人が入ってきたり、ふるさと村も少しずつ様変わりをしている。田んぼで子供を遊ばせている観光客までいたそうで、おいしい作物と美しい自然を求めるからには、マナーは守ってほしいものだ。「私たちも都会のオアシスであり続けるよう、寺家本来の姿を守っていきたい」と大曽根さん。

「男の料理教室」もあったので覗いてみた。身長187㎝ある講師・角山雅計さんからは大声が飛ぶこともあり、おお、まさに男の教室といった感じ。参加者は周辺の団地などから来る定年退職者が中心。「女房が料理をしなくなったら困るから」と冗談半分、本気半分に手を動かす。

角山さんは基礎と理屈を大事にしている。この日の課題は揚げ物で、どの順番で作ったらいいかを考えながら

上：稲刈り後の田んぼには稲わらぼっち（積み藁）が見られ、昔ながらの農村風景が広がる。
下：田のあぜ道も野草の宝庫。美しい秋の田園風景の中で野草を観る会参加者たちは熱心にメモを取る。

天ぷら、フライ、唐揚げ、素揚げを一通り作った。基礎がわかれば応用は効く、という親心だ。汁物もしっかり出汁から取る。「安い素材を使って繰り返し練習させてくれるので、手順が身に着く」と参加者にも好評。「男も料理をしようとか言う以前に、人は自分でできることはした方がいい。僕の考え方はいつもシンプルなんです」と角山さん。たしかに男には馴染みやすい考え方だ。

そんなわけで、大曽根さんの直売所で買った里芋を、家で煮っ転がしにしてみた。ねっとりとして濃厚な味わい。素材が良ければ誰が作っても美味しい、という基礎も学んだ。

上：「メンバーとはここでしか会わないのも気楽でいい」と料理教室の参加者たち。
下：野菜の精進揚げ、鶏の唐揚げ、エビフライ、アジフライ、他にナスの素揚げも作った。ご飯、汁物と一緒に出来立てをその場でいただいた。

◎青葉台郵便局：横浜市青葉区青葉台1-13-1
◎寺家ふるさと村：横浜市青葉区寺家町414

71 箱根町局　往路ゴールのすぐ横に箱根駅伝ファンの聖地

柄にもなく「錦秋」というみやびな言葉に誘われて箱根へ。あいにくの曇り空で消印のように富士山は見えないが、霧に煙る芦ノ湖も良い……なんて一人ごちていると、一つのポールが目に付いた。箱根駅伝の往路ゴール標。そうか、いつもテレビ中継で選手が角を曲がって飛び込んで来るのがここかと嬉しくなる。傍らの2005年にオープンした箱根駅伝ミュージアムに足が吸い寄せられた。

来年のシード校ユニフォームや名ランナーゆかりの品々などが展示される中、興味深いのがヒストリーコーナー。第1回は早大、慶大、明大、高等師範学校（現筑波大）の参加4校で1920（大正9）年に開催した。「午後1時スタートだったので、箱根の山中では地元青年団が松明を灯し、目の前を選手が通ると猟師が空砲を鳴らしたそうです」と副館長の川口賢次さん。戦時中はユニフォームの下に召集令状を入れて走った選手もいた。戦後は選手不足で砲丸投げの選手が走った学校もあったし、学生運動で選手が不足し、有力校が予選会で敗退した時代もあった。やがて伝統校優勢から新興校の台頭へ。80年代にテレビ中継が始まると女性ファンが急増し、留学生が登場して大学のイメージアップや志望者増加につながっていく。駅伝にも世相が表れているのだ。

川口さんは小田原育ちで、中学生だった60年代前半からデータを集め始め、早大時代は大学のスポーツ新聞部や応援団のメンバーと一緒に泊込みで取材もした。就職後は放送局にも資料を提供する筋金入りの箱根ファン。旅行会社を定年退職後に、知識を買われて副館長に就任した。

初々しい学生が走る清冽さと、ドラマチックなレース展開に惹かれるという。出場校全選手の高校時代からの成績やベストタイムなどを調べ、データ収集は細密を極める。「12月10日にチームエントリー表が発表されると、それまで収集してきたデータと見比べる。そして自分が監督になったつもりで各大学の区間配置を考え、レース展開を想像する時が一番楽しい！」と話す顔も嬉しそうだ。そんな生活だから正月に家族旅行をしたことがないが、妻子も半ば諦めつつ、納得してくれている。

館にはかつてのランナーたちもやって来る。データは全て頭に入っているので、名前を聞けば現役時代に活躍できたかどうかも瞬時にわかる。「本番で大失敗してしまった人でも、『箱根があったから今の自分がある』と話すのを聞くとホッとします。やはり一つのことをやり遂げた人たちには、何かが残るのでしょうね」。

上：往路ゴールの石柱。反対側には復路スタートと刻まれている。
下：年中無休でグッズの販売などもしている。

大会日の1月2～3日も開館している。ここで働くようになってから、生で観戦できるのは復路スタート前後の数分のみで、後は来館者の対応に追われる。それでも「これまで『好きなことをやれてお前は幸せだな』と言われてもあまり実感が無かった。でもここから復路スタートを見ているると『ああ、自分は今、箱根駅伝に関わる仕事ができているんだな』と感じる瞬間があって、その時は幸せだなあと思いますね」と語る。

次の箱根駅伝、皆さんはどんな思いで観戦するのだろうか。

川口さんが印象深い選手は現解説者で元早大の金哲彦さん。「高校時代は目立たなかったけど山登りに抜擢され実力を発揮した。そういう渋い選手が好きなんです」。

OBや現役の選手たちが来館時に記帳した芳名帳は、10冊を超える。

◎箱根町郵便局：足柄下郡箱根町箱根79
◎箱根駅伝ミュージアム：足柄下郡箱根町箱根167

72 厚木緑ヶ丘局

庶民の娯楽守り続ける相模人形芝居林座

厚木市で江戸中期から続く相模人形芝居林座。創始は定かではないが、約３００年前に淡路の人形遣いが伝えたとされる。スタンプの「林人形座の碑」がある福伝寺には中興の祖である吉田朝右衛門の墓もある。座長の山戸アサ子さんによれば朝右衛門は上方で活躍した人形遣いだったが、１８５６（安政３）年頃に貧窮して厚木に流れ着き、村人に請われて人形を教え、１８８３（明治16）年に当地で亡くなった。その後も林座の人々は熱心で、芸事が禁じられた戦時中も物置で人形や道具を手入れし、忍び声で練習を続けたという。江戸から明治にかけて神奈川県域には15ほどの人形芝居があったうち、現在は林座を含む5座が継承している。

倉庫には年季の入った衣装や道具類に囲まれて、約60のカシラ（頭部）が大切に木箱に納められていた。上方の文楽と比べるとカシラが少し小さい。「相模人形芝居は農閑期などに、演じる者と見る者が一緒になって楽しんだ娯楽。舞台などないのでカシラを大きくする必要がなかったんです」。芯串（持ち手）には大勢の汗が染み込んで真っ黒に汚れている。

稽古にもお邪魔した。一体の人形を3人で動かすのは文楽と同じだが、相模人形には鉄砲差しという独特の持ち方がある。人形が直立する文楽と違い、相模人形はカシラが小さい分、顔をよく見せようとやや前傾するため、人形遣いは腕を前に差し出して操作しなければならないのだ。衣装を含めて一体7～8kgある人形を、その姿勢で30分も操作し続けるのは至難の業。「持ってみます?」の言葉に甘えて触らせてもらったが、非力なことには自信のある私、支えるのがやっとで、レバーでカシラを動かすなど到底無理だった。

山戸さんは40代半ばで座に入り、座長を受け継いで10年程になる。現在（2016年1月）稽古しているのは2月11日に南足柄市文化会館で開催される相模人形芝居大会の演目「伽羅先代萩」。お家騒動のさなか、跡継ぎが毒殺されそうになるのを、乳母が実の息子を身代わりにして守る物語だ。跡継ぎへの献身と息子への愛情。人形の顔はほとんど動かないのに、複雑な感情まで伝わってくるから不思議だ。稽古中に「気持ちで演じて」という声が飛ぶのもうなずける。

カシラはヒノキやキリ材、髪は主に人毛を使用し、化粧は胡粉とニカワを混ぜたものを使っている。

山戸さんは「先人たちの気持ちを大事にしたい」と、よそから師匠は招かずに自分たちで継承することにこだわっている。長い活動歴の中、人間関係の悩みなどで辞めたくなったことも数知れないが、「歴史と意義のあるものに関われたことが今は誇り。最近やっと人形が好きって言えるようになりました」と笑う。人形の表情には、これまで操ってきた歴代の人形遣いたちの、喜びや悲しみも宿っているのかもしれない。

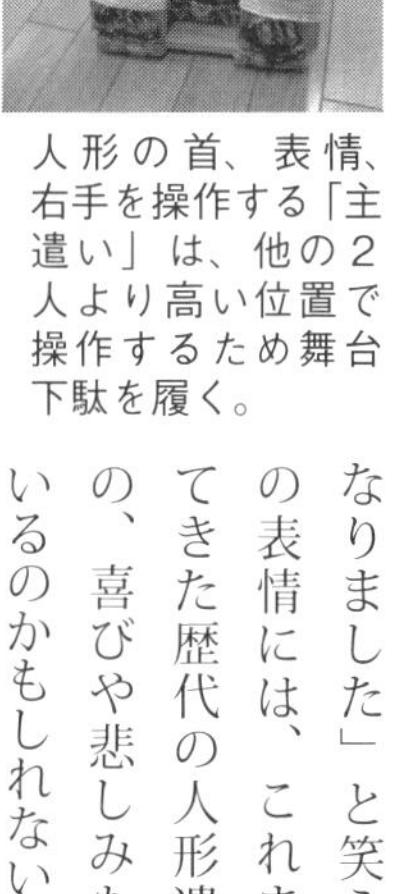

人形の首、表情、右手を操作する「主遣い」は、他の2人より高い位置で操作するため舞台下駄を履く。

上：市の郷土芸能学校を受講して入ったメンバーもいる。興味ある方はぜひ公開稽古を見学してほしい。
左上：二体の人形を扱うにも6人が必要。
左下：稽古は厳しい中にも冗談が飛び交い和やかなムード。

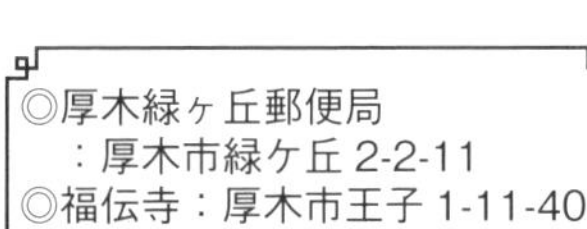

◎厚木緑ヶ丘郵便局
：厚木市緑ケ丘 2-2-11
◎福伝寺：厚木市王子 1-11-40

ひっそりとたたずむ吉田朝右衛門の墓。

73 初声局（はっせ） 生産量は減っても三浦大根にこだわって

全国的にも名が知られる「三浦大根」。だが1979（昭和54）年の台風被害を機に栽培しやすい青首大根に取って代わられ、現在は三浦市で作る大根の1％にまで割合は減っている。その数少ない生産農家の一人が吉田和子（ともこ）さんだ。

2015年12月、市内の初声市民センターで吉田さんの料理教室が開かれた。メニューは1992年度に国土交通省のコンテストに出品し、長官賞を獲得した「三浦大根のフルコース」。サラダや大根飯は想像がつくが、ホワイトソースにベーコンを巻いた大根ステーキは予想外。白い大根には白いソースが合うとの直観から閃いた。極めつけはくり抜いたゆで大根の中にカスタードクリームを詰めたデザートのフラン。約2時間で豪華な食卓が出来上がった。

見ていただけなのにすみませんと恐縮しつつ、私もご相伴に預かった。軟らかくて煮崩れしないのが三浦大根の特徴で、食べ応えがあり十分主役になる。気になるフランは三浦大根そのものに優しい甘みがあるので、カスタードクリームとの相性もいい。参加者たちも「こんな調理法があったとは」「早速家で作ってみよう」と口を揃えていた。

印象的だったのは吉田さんの挨拶だ。三浦大根は首まで土に埋まった上、大きいものでは長さ70㎝にもなり、先が細く伸びるので、きれいに抜くのが難しい。若い農家は作ろうとしたがらず、息子さんからは「三浦大根はおふくろの料理教室のために作ってるんだからな」と言われるという。「でも伝統野菜は一度絶えてしまったら復活させるのは大変なこと。100円の青首と300円の三浦が並んでいると青首を選んでしまうのもわかるけ

左：一面に緑が広がる吉田さんの畑。手前の葉が大きく育っているのが三浦大根。
右：横須賀出身の参加者は「越して来るまで三浦市で作るのを三浦大根だと思っていた。値段は少し高いけど、贈り物にする時は自慢できます」。

れど、お正月のなますだけは三浦にするとか、身近にある地元の人に率先して食べてほしいんです」。

教室の後、吉田さんの畑にもお邪魔した。なるほど首まで埋まっているし、葉が広がるので単位面積当たりの収穫量も少ない。「これを抜いてみて」と言われて葉をつかんだ。ぬぬ、確かに力が要る。腰を据えて、もう一度力を入れる。徐々に上がってきて、スポッと抜けた瞬間は快感だった。市場には年末から年明けにしか出回らないが、吉田さんの「ヤマサ園」を始め、農家の直売所なら3月初旬まで買えるところもある。

吉田さんは静岡県御殿場市の出身で、縁があって当地に嫁いできた。「お見合いの時に食べたシコ（イワシの子ども）のお刺身が美味しかったし、御殿場に比べて温暖だったの。でも夏になると暑いし、冬場は農閑期がないし、お魚に騙されたと思ったわ」と笑う。70代になり、そろそろ引退も考える。だが苦楽を共にした三浦大根のためと思うと、年に数回声がかかる料理教室も辞められそうにない。

【後日談】 吉田さんは変わらず元気にメディアの取材を受けたり料理教室を受け持ったりしている。かたくり粉をまぶして揚げた大根チップや、かたくり粉をつけてゆでたくず切り風大根など、新メニューも誕生中だ。

上：生クリームにリンゴ、ミントの葉を添えた大根のフラン。
下：吉田さんの家で作ったミカンとパンも付いたフルコース。なお、風景印を押した切手は青首で残念ながら三浦大根ではない。

◎初声郵便局：三浦市初声町入江 52-1
◎直売所ヤマサ園：三浦市南下浦町上宮田 3390-2（クリエイトＳＤ駐車場内）

74 二宮局　ウサギの和菓子に平和への願いを込めて

防空頭巾の少女がウサギを抱いた「ガラスのうさぎ像」はJR二宮駅南口に立っている。1945（昭和20）年8月5日、当地に疎開していた13歳の高木敏子さんは、東京から二宮駅まで迎えに来た父親を米軍の機銃掃射で亡くした。後に高木さんは、焼け野原となった墨田区の自宅跡で、ガラス工芸職人だった父が生前作ったウサギを発見する。

駅から国道を挟んだ和菓子店「みせ吉」ではこのウサギをモチーフにした菓子を製造販売している。現店主・松本昇さんの父・偀資（えいすけ）さんは戦時中、一人で所在なさげにしていた少女を駅から目的の家まで案内したことがあった。それが高木さんだった。戦後32年経った77（昭和52）年、単行本「ガラスのうさぎ」の出版が決まると、高木さんはその時のお礼に松本さんの店を訪ねて来た。同作は大反響を呼び、映画やテレビにもなる。81年には町民たちの募金を基に像が立てられ、みせ吉でも「ガラスのうさぎ饅頭」を発売した。

小判型の本体に焼き印の耳、ようかんの赤い目がかわいらしいウサギだ。当時20代だった松本さんと父でいくつかの案を検討し、親しみやすさでこの形に落ち着いた。本体は求肥で、中身を白餡（あん）にしたため白さが際立つ。周囲にまぶしてある氷餅の粉は体毛を表現している。キラキラしてガラスを表現しているのかと思っていた。そう告げたら、「初めて言われたけど、その説も良いですね」と微笑んでくれた。優しい松本さんである。

高木さんもこの菓子はお気に入りの様子で、講演で町に来る度に購入するという。発売当初は兵隊に行った世代が買いに来て、自身の戦争体験を語っていくことも多かった。だが35年を経た今は、「ガラスのうさぎ」を知

らず、可愛さに惹かれて買っていく若い世代も増えた。それでも町の小学生が、授業で習ったからと言って買いに来てくれると、戦争体験はきちんと受け継がれているのだと、松本さんも嬉しくなる。

みせ吉は1871（明治4）年創業で、戦後は駄菓子やかき氷なども販売し大いに繁盛した。けれど次第に需要が減り、駅周辺に4軒あった和菓子店は1軒だけに。みせ吉もレトロな店舗や調度を使いながら、懸命に持ち応えている。朝早くから夜遅くまで働き、休みもない姿を見続けていた松本さんは、高校卒業時、家業を継ぐか大いに迷ったそうだ。しかし身体が辛そうな父を助けたい思いで決心をした。以来約40年。「父は店と〝うさぎ〟が受け継がれるので安心して亡くなったと思います。経営的には厳しいですが、私も〝うさぎ〟を守らなければ、という使命感に支えられている面がある。商いではあるけれど、『平和のために』という思いも強いんです」と語る言葉が印象的だった。

上：レトロなたたずまいの「みせ吉」。
中：先祖が百数十年使い続けてきた店を、松本さんは守り続ける。
下：店内のショーケースなどは明治期から使い続けているものもある。

【後日談】 高木さんは戦後、都立第七高女に進学する。後の都立小松川高校で、私の母校でもある。私自身、東京大空襲に遭った下町に生まれ、幼い頃から戦争教育を受けていたこともあり、「ガラスのうさぎ」のことはずっと頭にあった。大先輩である高木さんにつながる取材ができて個人的に嬉しかった。

食べるのが可哀想とよく言われる。饅頭の他に「ガラスのうさぎ最中」もある。

◎二宮郵便局：中郡二宮町二宮400-8
◎みせ吉：中郡二宮町二宮149

75 田名局　青空を舞う1200尾の鯉のぼり

橋本駅からバスで20分強。田名バスターミナルで下車し、相模川へ続く道を下っていくと家々の屋根の向こうにものすごい数の鯉のぼりが見えてきた。自然早足になり、河原まで降りるとたくさんの家族が思い思いの場所に陣取り、悠々と泳ぐ鯉たちを見上げている。昨年(2015年)の5月3日は快晴で、まさに鯉のぼり日和だった。

「泳げ鯉のぼり相模川」は例年4月29日から5月5日まで、相模原市と愛川町の間に約250mのワイヤーを渡して実施する。スタートは1988(昭和63)年。現実行委員長で建設会社を経営する篠崎栄治さんによれば、当初3本だったワイヤーが5本になり、鯉のぼりの数は約1200尾に増えた。

大部分は市民が保存していた鯉のぼりを寄贈してもらっている。田名小学校の生徒たちが布でうろこを付け足すなど、工夫を凝らした鯉もある。子供や孫の初節句を祝って名前の入った鯉を揚げてもらうこともでき、昨年は19人の名前が空を舞った。「家で揚げると大きさが限られるけど、河原なら12mサイズでも揚げられる。それならこっちで、と思う人が増えているんじゃないでしょうか」と篠崎さん。

東日本大震災が起きた2011年には、被災地の岩手県大船渡市に、鯉のぼりや応援メッセージをつけた白いのぼりを60本贈った。現地で炊き出しも行ない、「被災した場所と免れた場所、右と左で全然景色が違うのに呆然とした」と話す。だがその励ましに力を得た大船渡市の人たちから、翌年メッセージ付きののぼりのお返しがあった。鯉のぼりが結んでくれた縁である。

気になるのは1200尾もある鯉のぼりの管理だ。普

元気なアユの稚魚たち。

左：坂道を下りていく家並みの向こうに鯉のぼりが……。
右：鯉のぼりの寄贈は毎年３月１日～31 日の間、受け付けている。

段は倉庫を借りて保管しており、毎年4月中旬に体育館に出して点検・修復をする。古くなってさすがにもう揚げられないと判断したものは、お坊さんに供養してもらう。28日にはボランティアの手を借りてワイヤーに取り付ける。２００人が参加して半日がかりの重労働。若い参加者は大歓迎だ。

こうした鯉のぼりの群泳は全国各地で実施しているが、1週間続けているところは珍しい。一つ悩みなのは、実行委員はゴールデンウィーク中どこにも出かけられないことだ。「皆さんにばかりサービスして、家族サービスが無いってよく叱られます（笑）。でも子供たちが大人になってよそに出て行ったとき、相模川の鯉のぼりが懐かしいって戻ってきてくれたらいいですよね」

と空を見上げた。

上：河原には多数の屋台が出て家族連れで賑わう。
下：真ん中の鯉に手作りのウロコが付けてある。

会場では子どもたちがアユの稚魚放流も行なう。

◎田名郵便局：相模原市中央区田名5248
◎泳げ鯉のぼり相模川会場
：相模原市中央区水郷田名・相模川高田橋上流

76 横浜太田町局　ジャックの塔から展望するヨコハマの歳月

「ジャックの塔」の愛称で知られる横浜市開港記念会館は開港50周年を記念して１９１７（大正６）年に竣工した。実際の50周年は１９０９（明治42）年だが、コンペで約１００件の設計図が集まったものの資金が集まらず、だいぶ簡素にして8年遅れでようやく完成したのだ。今は中区の公会堂として講堂や会議室を貸し出している他、ロビーや廊下は観光客が見学でき、ジャックサポーターズの方々がボランティアで解説もしてくれる。

　私が訪ねた時に案内してくれたのは渡辺章さん。その解説で再認識したのは、同館には大正・昭和・戦後と三層の歴史が積み重なっていることだ。創建時の大正の建物は関東大震災で内部やドームを焼失したが、時計台や外壁は残った。１９２７（昭和２）年の復旧工事で現内装のベースが完成。戦後は１９８９（平成元）年に66年ぶりにドームを復元した他、随所に改修を施している。

　如実に表れているのは2階ロビーを飾るステンドグラス。創建時のものは焼失し、１９２７年に宇野澤ステインド硝子工場が再制作した。中央の1枚は新たにデザインしたが、左右のものは当初のデザインを尊重したため、大正期と昭和期が共存している。そして２００８〜09年に洗浄修復をし、今は非常に美しい。だけど渡辺さんが指さした1枠のみ曇っている。「これだけは洗浄せずに、あえて元のまま残してある。埃や手垢、タバコの脂などがこびりついているんです」。この建物が歩んだ歳月を感じさせる色合いだ。

　そして最も歴史を感じるのは、創建当初からこの場所に建ち続けている時計台。例年、三塔の日の3月10日前後と開港記念日の6月２日だけは一般公開する。普段は塔に続くらせん階段を見上げて指をくわえていた私も

上らせていただいた。第48回のエースのドームといい、「めったに上れないところ」に弱いのだ。階段は全部で117段、息を切らして上ると、時計の文字盤の丸い裏側にたどり着いた。窓からは目の高さでドームが望め、細密な装飾に圧倒される。

ジャックサポーターズには第6期生まで約100人が在籍。渡辺さんは1943（昭和18）年に近くの石川町で生まれ、小学校にはいろいろな国籍の子供がいた。中学に上がる頃まで官庁街は接収された部分が多く、自由に歩けない地域だった。「中村川より北側は、今のJR根岸線の東側も西側もほとんどが接収されていた。文房具を買いに伊勢佐木町に行くにも、元町に出て市電に乗って遠回りしなければならず不便で。進駐軍が住んだカマボコ兵舎があった跡地は、返還されても建物を作る資金がないから、鉄条網が張られた更地で関内牧場と呼ばれていました」。

就職先は東京で、ドーム再建の話も興味がなかった。だが退職後に地域講座を受けると、高校の卒業式をしたこの建物のことが気になりだし、第1期サポーターに応募。そこからはステンドグラスの工房に足を運ぶなど自ら知識を広げてきた。知れば知るほど、横浜の歴史の厚みを実感している。

上：この塔に上ったのかと思うと感慨深い。
下：塔の手すり越しに県庁と横浜港を眺める。

上：中央のステンドグラスは初代は丸型で現在のものより小さく、デザインも違っていた。洗浄していない1枚のガラスは右側の下部にある。
下：特別公開日だけ見られる時計の裏側。左が渡辺さん、右は館長代行の山口達夫さん。

◎横浜太田町郵便局
：横浜市中区太田町 1-10
◎横浜市開港記念会館
：横浜市中区本町 1-6

77 相模原大島局　古民家で味わう静かな七夕

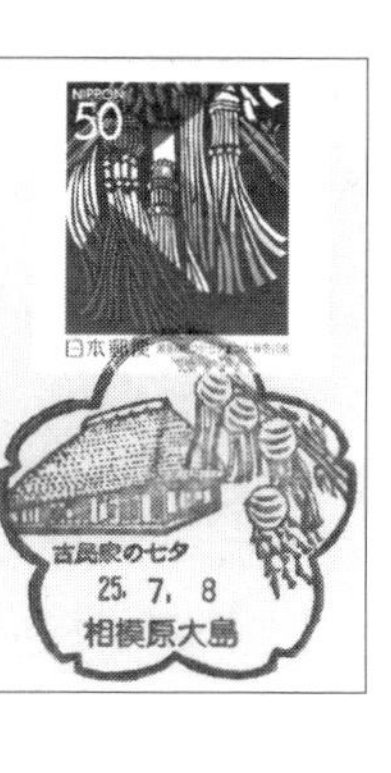

スタンプに描かれた古民家は相模原市緑区の相模川自然の村公園内にあり、例年7月上旬に七夕飾りを施す。この季節は天候が不順で、晴れを待っているといつになるかわからない。ある朝起床して、灰色の空が何とかもちそうなのを見て、えいやっと出かけたのだった。

橋本駅からコミュニティバスで相模川自然の村公園へ。瓦葺の長屋門をくぐると、立派な竹が地面から斜めにしなっているのが珍しい。後で聞いたら、大きな竹を垂直に立てるのが難しいのと、訪れた人が短冊をかけやすくするための配慮だった。いつもの習慣で願い事をいくつか拝読させていただく。「モンストでいいのが出ますように」。いかにも今どきの子供らしいが、大事な願い事をそんなことに使っていいのか。おじさんは心配になる。「自分自身の気持ちが強くなりたい」。抽象的だが、ふと我が身を振返ってしまう願い事だ。

この古民家は、18世紀初頭に市内の上鶴間にある青柳寺に建てられた庫裡（住職や家族が住む場所）だった。戦中戦後に第26世住職を務めた神部宣要は俳人・八幡城太郎としても活躍し、俳誌を発行して多くの文化人がここで交流した。後年いろいろと改築がなされたが、1998年に建築当初の様子に移築復原した。よく古民家の梁で、曲がった自然木を巧みに組み合わせていて感心させられるのはここも同じ。職人の技術を感じる。

それにしても静かだ。畳の間で障子の破れを直している男性に声をかけたら、古民家園管理人の田村昭美さんだった。文化財ボランティアや管理人の方々が毎週囲炉裏や竈に火を入れ、茅葺き屋根を燻すという。「年輩の方は煙の匂いがいいですねって言ってくれます」と田村さん。ご自身は山口県下関市の生まれで、子供の頃はこうした家が多かったと懐かしむ。「今の子供は家に広いところがないでしょう。だからここの畳で走り回っても大目に見ることもあるんです」と慣れた手つきで紙を貼り直していく。「ここに来る人は話したい人が多いみたい。近所でのコミュニケーションが減っているからなのかな」

毎年、七夕を楽しみにやって来る人も多い。竹を立ててすぐに100枚以上の短冊が吊り下がったという。それにしても七夕は、なぜわざわざ梅雨の季節にするのだろう。雨模様で、織姫と彦星が会えるかどうか、やきもきするのも醍醐味の一つなのだろうか。私も備え付けのペンで短冊を書いて、皆さんの端っこに混ぜてもらった。

くしくも77回目に当たった七夕の話、何か良いことが起きそうである。

上：公園に面した相模川では釣りをする人たちが。
中：七夕飾りは古民家園事業実行委員会によるもの。
下：古民家園の入口は瓦葺の長屋門。

部屋の中に紙を貼る音だけが響く。ここだけ時間が止まってしまったかのようだ。

自然の木の形状を大胆に梁に活用している。

◎相模原大島郵便局
：相模原市緑区上九沢 4-189
◎相模原市古民家園：相模原市緑区大島 3853-8（相模川自然の村公園内）

78 新大津駅前局

兵舎や弾薬庫の跡 東京湾に浮かぶ要塞島

横須賀市沖合い1・7㎞に浮かぶ東京湾唯一の無人島・猿島。大津町からだと風景印のように最も美しく見えると聞くが、せっかくなので島に渡ってみたくなった。猿島公園専門ガイド協会に依頼すると有料で案内もしてもらえる。

　三笠桟橋でガイド氏と合流した。昨年、猿島砲台跡が国の史跡に指定されて年間の来島者が10万人から18万人（2016年度）に急増したといい、平日午前中のフェリーも団体や個人客でいっぱいだ。10分ほどで猿島に到着する。船着場付近の砂浜にはバーベキューを楽しむ家族連れも多い。

　しかし階段で高台に上ると島の様相は一変する。両サイドに高さ4～9m程度の石積みの壁がそびえ、その間を切り通しのように幹道が通っている。壁のレンガ造りの部分は弾薬庫と兵舎で、その上が砲台だったのだ。

　猿島は幕末の1847（弘化4）年に外国船の襲来に備えて台場を築いて以来、1945（昭和20）年の世界大戦終戦まで軍の要塞として用いられた。弾薬庫などは明治期に造ったもので、ガイドを頼んだ場合だけ鍵を開けて見学させてもらえる。兵舎には窓は開いていたが、暗くて湿気の多いところで寝起きしていた兵士たちの苦労が偲ばれる。懐中電灯を点けると壁の随所に落書きが。戦後、米軍の接収が解除されて島が海水浴場となり、旧兵舎や弾薬庫を宿泊施設に利用した時代のものだ。その独特な雰囲気から「仮面ライダー」シリーズなどの撮影に使われたこともある。利用が減った90年代には船が途絶えた時期もあったが、95年に横須賀市が管理委託を受けて、今に至っている。

　戦後70年以上の間に植物が繁茂し、崖から根がむき出しの場所もある。それが「天空の城ラピュタ」に似ているると評判で、この非日常な光景で写真を撮りたいコスプレ撮影隊も複数見かけた。「光景だけでなく、最先端の文明が廃れた後に植物が生い茂ったという経緯もラピュタと似ているんですよね」とガイド氏。

上左：船上からは海に浮かぶ猿島が見える。
上右：要塞時代を偲ばせる幹道。右壁のレンガ造りの部分が兵舎跡。
下左：人工物のトンネルと繁茂する自然。これがラピュタの島と言われるゆえん。
下右：島に 1895（明治 28）年に建てられた発電所。蒸気で発電し、トンネルの明かりや探照灯に活用した。

島の最奥には日蓮が籠もったと伝わる洞窟がある。安房から鎌倉へ舟で布教に向かった日蓮が嵐に遭うと、どこからか現れた白猿が島に導いて難を逃れた。だから「猿島」という名前になったのであり、島に猿は棲息していない。洞窟には弥生時代の貝塚の跡も見られ、人間との関わりの古さを伝えている。その歳月を考えると、要塞だったことも島の長い歴史にとってはごく一部でしかないのかもしれない。

上：幹道の先には全長約90ｍのトンネルがあり、壁の外側にも部屋や弾薬庫が作られていた。
下：入口側から兵舎内部を撮影。窓は入口の横にだけあった。（横須賀市提供）

◎新大津駅前郵便局
：横須賀市大津町 4-8-4
◎猿島公園：横須賀市猿島 1

79 大沢局　世代間をつなぐ集落の獅子舞

お獅子の顔を前面に押し出した、何とも愛嬌のあるデザインだ。相模原市緑区の下九沢の獅子舞は毎年8月26日、御嶽神社例大祭で奉納する。例年7月上旬に始めるという稽古を見学に行った。

働いている人も参加できる土曜日の夜、塚場自治会館に15人ほどの獅子連のメンバーが集まる。獅子の舞手は30代の若手３人。本来ここにもう一人鬼面が入るが、今日は欠席。今年初めての練習なので、まだ獅子頭は身に着けない。唄歌いと笛吹きがそれぞれ5名ほど。彼らが奏でるリズムに合わせて、ピタリと息の合った3人の舞が始まった。

一見、単調に見えるが全身を使った大きな舞だ。全部で11種類の歌が続き、終盤に行くほど舞のテンポは上がる。次第に舞手から「疲れた」「きつい」の声が漏れ始め、唄歌いから「頑張れ」の声がかかる。やがて30分の舞が終了すると３人は床にへたり込んで肩で息をついた。

「30歳過ぎると体にきますよ。特に本番は獅子頭、袴を着けて炎天下なので、目に汗は入るし、意識がなくなります」と榎本慶一さんは苦笑する。舞の途中で互いに笑っているように見えたのは「目で挑発し合っているんです。しゃがむ時も腰を深く落とした方がカッコいいんで、『おまえら、その程度しかしゃがめないのかよ？』って」と島田将俊さん。そもそも今の若者が獅子舞をやろうとすること自体が珍しいが、「8回断ったけど、最後は親族が獅子舞に関わっていた自分たち以外にいないと押し切られました」と榎本健一さんは明かす。

だがそうして20代前半で始めた3人はすでに13年目に入った（２０１６年時点）。「何で続けているのかといえば、この３人にしかできない呼吸があって、一体感が感

左：本番ではこの獅子をつける。角の形によって左から巻獅子、玉獅子、間に鬼面を挟んで剣獅子。
右：小川さん（後列左から４人目）は1950年代から獅子舞に関わって65年を数える。

じられた時は快感なんです」と島田さんと慶一さん。健一さんは仕事で現在は台湾在住だが、「社会に出るとなかなか地元に貢献できる機会がない。舞を見て泣いているお年寄りを見たりすると、やって良かったと思います」と夏が来る度に帰国する。

獅子舞は１８１２（文化９）年に西多摩郡より伝わり、何度か途絶えた。唄は本来12種類あるが、「１９４７（昭和22）年に復活した時に、８番の舞がわからなくなっていたので、今は舞わないんです」と前代表の小川光一さん。口承芸能の難しさと稀少性を感じるエピソードで、他地域では獅子舞自体が消滅してしまったケースも数知れない。戦後までは農家が多かった当地も、１９６０年代に大企業の工場が移転してきてからは、後継者が減った。それでも続いてきたのは「地元が好きで誇りを持っているから」と、現代表の榎本光美さんや古木清さんらメンバーは声をそろえる。

面白いのは、メンバーの年代が榎本さんたちの上は40〜50代、その上は60代半ばと、10〜15歳くらいずつ離れていること。舞手は10〜15年毎に世代交代するが、卒業後も唄や笛で残る人が多く、結果的に世代間をつなぐ場にもなっているのだ。よくできている。舞は14時半頃に塚場自治会館を出発し、15時頃より御嶽神社で奉納する。

上：段々舞が大きくなっていく。
下：全力を出し切った。

◎大沢郵便局
：相模原市緑区下九沢1752-10
◎塚場自治会館
：相模原市緑区下九沢1316
◎御嶽神社：相模原市緑区下九沢1336

＊風景印仲間と出会おう！
～「風景印の案内人」活動報告

コレクション趣味はえてして個人主義。ヘタするとオタク呼ばわりされかねません。まあ多少そういう側面もあることは認めつつ、風景印は仲間がいるとさらに楽しみが広がる趣味だと感じています。風景印の案内人として出会いの場も提供しているので、活動報告をば。

①風景印歴史散歩講座

２０１０年10月より、ほぼ毎月開催中。風景印を押したカードと地図、プリントを配布し、風景印の題材を中心にめぐりながら、街の歴史を案内しています。私が一人で風景印散歩をしていたらあまりに楽しくて、「この楽しさをどうにか伝えたい！」という極めてシンプルな思いから始まりました。風景印片手に歩いてみると、「この地形だからこんな図案になったんだ」とか「この２つの題材はこんなに近かったんだ」とかがリアルに伝わり、自分の脳内地図がどんどん形成されていく気がします。さらに参加者たちと歩いていると、自分一人では気づかなかった知識や見方を与えられることもあり、私は案内人でありながら教えられることも多いのです。

散歩の後は食事兼二次会。皆がこの１か月間に集めた風景印や、仲間から届いたお便りを見せ合い、あれがイイ、これがイイと延々と風景印談義が続きます。毎月２クラスで20代から80代まで計30～40名程度。レギュラーの方もいれば数か月に一度や初めての方が入れ代わり立ち代わり参加し、不思議なくらいすぐに仲良くなります。２０１７年現在80回以上継続中。街歩き講座でこんなに続く例は珍しいようで、参加者の人柄の良さとともに秘かな私の自慢です（ｐ69に写真掲載）。

②風景印の小部屋

郵趣（切手収集を中心とした郵便趣味）イベントなどの会場に、場所と道具さえ提供していただければ身軽に現れる、移動式特設ブースです。構成要素は主に風景印コレクションの展示、風景印書籍の販売、郵趣品バザーの３点で、毎度風景印コレクターの溜まり場となり、ここで仲良くなる人も大勢います。小部屋の父、小部屋の

風景印の小部屋の様子とトークショーに集まった皆さんたち。

母と呼ばれるような存在もおり（私は何？-）、私がお客さんの対応で忙しくても自然と回っているのには感心させられます。閉場後には場所を移して二次会へ。健全な夜の部長も存在します。

ここから生まれた人気企画がP134で紹介した「FKD48総選挙」で、皆さんから届くアイデアを凝らした風（F）景（K）印便り（D）を展示し、人気投票を実施。すでにファンが付いている強者もいます。

③風景印トークショー

②と連動して開催することが多く、プロジェクターでコレクションやお便りを見せながら、風景印収集や散歩の体験談、苦労話、著書の文字にはできない裏話などをざっくばらんに話しています。

また郵趣とは無関係の場でも、ゲストに招いていただくことがあります。自治体が主催する市民向け講演や図書館での文化講座、ロータリークラブの勉強会などなど。風景印そのものを知らない聴き手が多いイベントも私の大好物で、風景印の魅力を伝える案内人としては腕が鳴ります。風景印は生涯学習にも向いた素材なので、面白がって聞いて下さる方も多く、手ごたえを感じています。

さて、冒頭で「風景印は仲間がいると楽しみが広がる趣味だ」と書きました。それは体験談を共有できるからです。郵便局で風景印を希望すると、非常に親切な対応を受けることもあれば、正直残念な対応をされることもあり、その一つ一つが武勇伝になります。これは何十年も続けている超ベテランでも、まだ1局しか行っていないビギナーでも一緒。「あの局でこんなことがあった」「マジで？」「そういう時はこう対応すればいいよ」などなど、老若男女関係無く盛り上がれるのが楽しいのです。そして仲間のコレクションを見ると、自分も頑張ろうと脳が刺激されること請け合い。一人も楽しいけど、大勢もまた楽し、です。

80 厚木山際局

土地は離れても猿ケ島の心は一つ

今年(2016年)は申年。この機会を逃すまいと、前々回の「猿島」に続いて、今回は「猿ケ島」の話。厚木市中心部からだとバスが2時間に1本程度しかない、台地と川に挟まれたやや辺ぴな土地である。本立寺(ほんりゅうじ)の門前にスタンプの碑が立っている。松尾芭蕉の句「年々や猿に着せたるさるの面」が彫られ、猿塚と呼ばれる。正月に猿が猿の面を着けて芸をする様子を見て、面を着けても中の猿は変わらないのと同様、「年が改まっても人間の中身は変わらないものだ」という意味だとか。

町のすぐ東を相模川が流れ、昔は洪水の度に土地が川の東や西へ移ったので「去る島」が変異して「猿ケ島」になったという。ここにもまた猿はいないのである。

集落ができ、本立寺を創建したのが16世紀半ば。下って18世紀後半、猿ケ島の名主だった大塚六左衛門武嘉は俳人・五柏園丈水を名乗り、相模北部を中心に数百人の門弟を抱えた。その丈水が1788(天明8)年、申年に合わせて弟子と建てたのがこの猿塚だ。

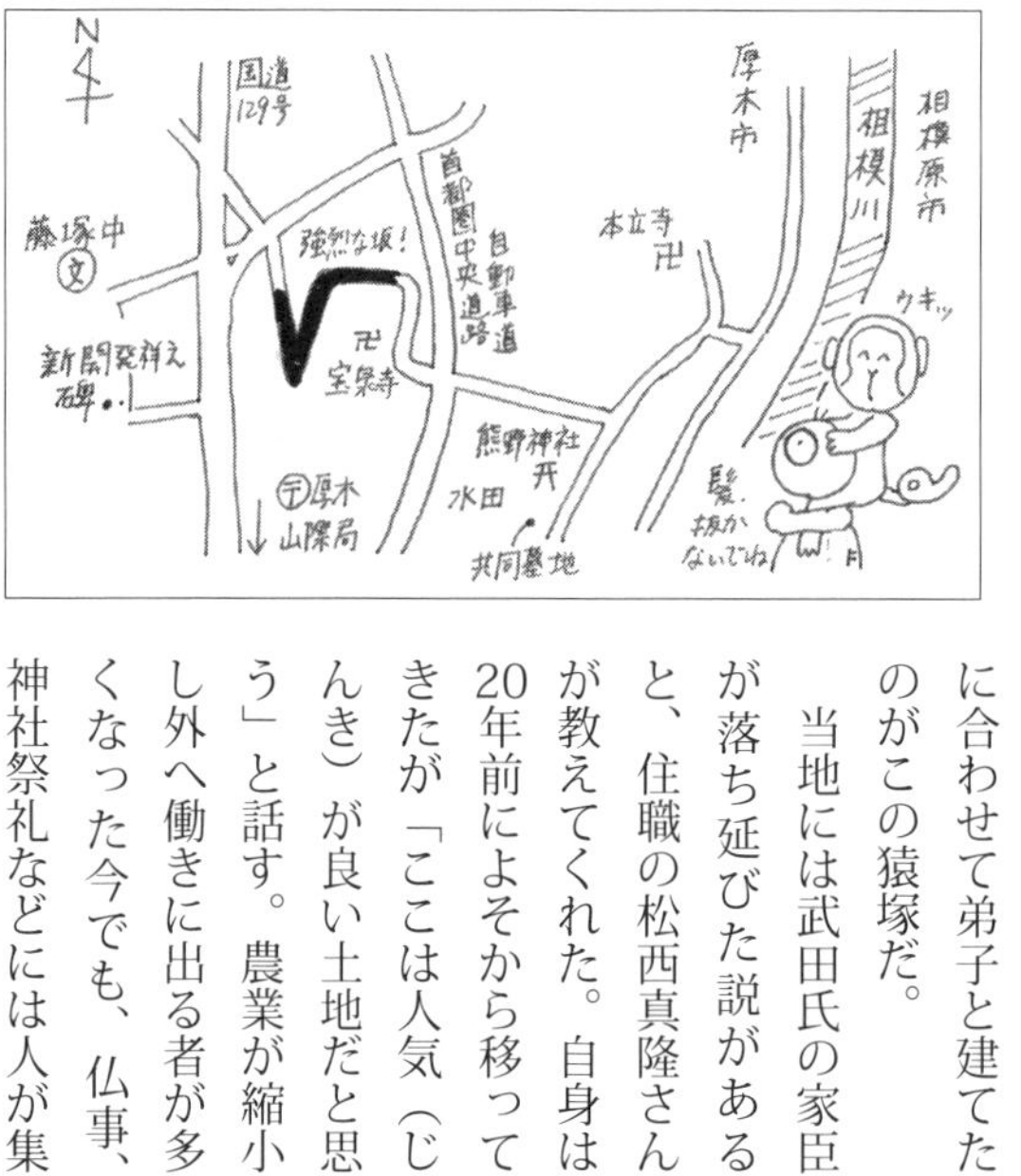

当地には武田氏の家臣が落ち延びた説があると、住職の松西真隆さんが教えてくれた。自身は20年前によそから移ってきたが「ここは人気(じんき)が良い土地だと思う」と話す。農業が縮小し外へ働きに出る者が多くなった今でも、仏事、神社祭礼などには人が集

まり力を合わせるのだ。

　幕末から明治初期にかけて、安政の大洪水で被災した集落の一部が高台にある山際村内地に移住し、猿ケ島新開と呼んだ。住職に紹介され、新開に住む大塚清一さんを訪ねた。水田が広がる猿ケ島から傾斜のきつい坂を息を切らして上ると、急に景色が住宅街へと変わった。

　大塚さんが古文書などを当たったところ、村の有力者から優先的に新開に移ったようだ。けれど新開は荒地を開墾したり、井戸を33mも掘らねば水が出ないなど、高台には高台なりの苦労があった。１９４４（昭和19）年生まれの大塚さんも昭和20～30年代は農業を手伝った。「畑は上、田んぼは下にあるので、どちらに住んでも坂を行ったり来たりが大変だった」と振り返る。地域対抗の運動会では猿ケ島と新開で一つのチームを組むなど両者の結束は固かった。

当初10戸程度だった新開は大塚さんの息子たちで五代目を数え、約１５０年の間に多くの転入者があり、現在は２００戸程に増えている。それでも猿ケ島から移住した家系の菩提寺が本立寺なのは変わらず、「つい先日もお施餓鬼（せがき）に行ってきた。両者の関係はこれからも変わらないでしょう」と話す。猿ケ島への愛着は深いのだ。

「住む土地は改まっても人間の関係は変わらないものだ」。丈水が建てた猿塚の句に、そんな肯定的な意味合いも込めてみたくなった。

【後日談】住職の松西さんは山梨県勝沼市の出身。先輩からの縁で本立寺に入った後、当地に武田家とのかかわりがあることを知った。「そういえば厚木から愛川に抜ける『信玄道』というのもあるんですよ。いろいろ知るうちに、ここに来たのも縁なのかなと感じています」。

上：本立寺の猿塚。丈水は芭蕉を敬愛し、自身はひょうひょうとした句を詠んだという。
中：猿ケ島の共同墓地。写真右端が丈水の墓。背後には水田を挟んで新開のある台地が望める。
下：新開の住宅街にある新開発祥之碑。1987（昭和62）年建立。

◎厚木山際郵便局
　：厚木市山際 1-2
◎本立寺
　：厚木市猿ケ島 178

81 麻生局　甘柿の元祖・禅寺丸柿の色づく町

　風景印の右の樹木をよーく見ると、枝に実がなっている。局名と日付を囲っているのは柿の葉だ。川崎市麻生区は禅寺丸柿という品種の発祥地で、1214（建保2）年に王禅寺の山中で偶然発見された。それまでは渋柿しか存在せず、私たちが今、甘い柿を食べられるのも、ここから始まったのだと思えば感慨深い。

　王禅寺の本堂前には現在も、原木の切株から育った樹齢460年のひこばえが大きく枝を広げ、実をならせている。「枝は細いけど根元を見ると中が空洞で、かなりの古木だとわかります」と話すのは、この原木の世話もしている柿生禅寺丸柿保存会会長（当時）の水野英雄さんだ。地元で農業を60年近く続けてきた。

　大正期に名古屋方面まで出荷された禅寺丸柿は戦後も主力商品だった。3歳の時に父が戦死したため、小学校高学年の頃から姉と共に母親を手伝った。「夜になるとリンゴ箱の半分のハンセキという箱に詰め、藁で縛って出荷の準備をするんです。その時分はテレビもないし、夕飯が終わればおばあちゃんは食事の後片付けをし、ふくろ、姉と私は夜なべで作業をする。近所の話をしりながら、家族の顔が見える安心感があって、懐かしい思い出です」

　大人になると昼は収穫、夜は箱詰め。市場から来る車に乗って近所の農家がまとめておいた柿を集めて回る仕事も当番制であった。朝昼晩と一日中仕事に追われ、睡眠時間も削った。「でも季節が限られているので、その時期は集中して頑張りました」

　しかし1960年代になると、実が大きくて種の少ない品種に押され、出荷量が減った。最盛期に地域全体で9千本あった柿の木は2千本ほどに減っている。そんな

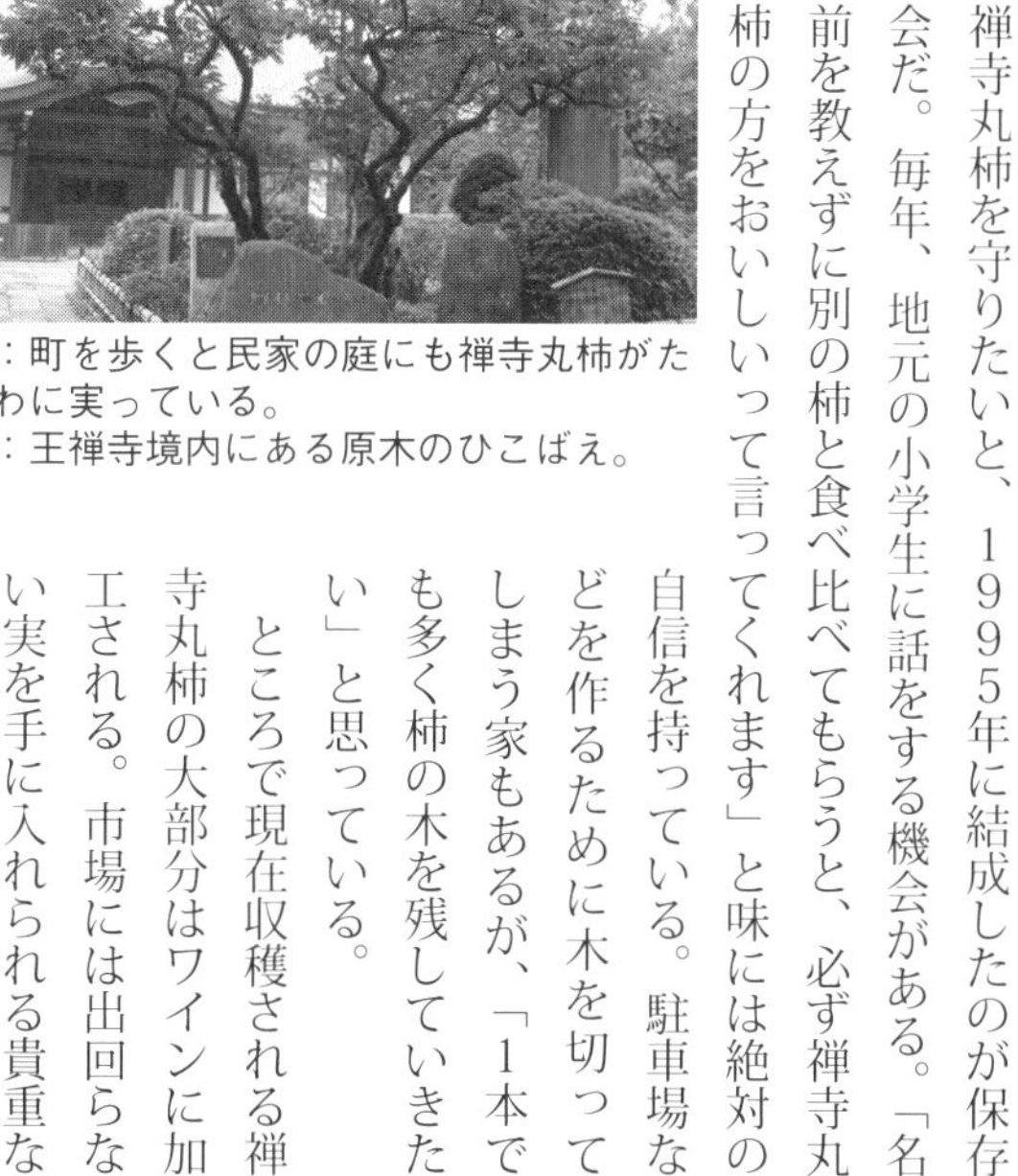

左：町を歩くと民家の庭にも禅寺丸柿がたわわに実っている。
上：王禅寺境内にある原木のひこばえ。

禅寺丸柿を守りたいと、1995年に結成したのが保存会だ。毎年、地元の小学生に話をする機会がある。「名前を教えずに別の柿と食べ比べてもらうと、必ず禅寺丸柿の方をおいしいって言ってくれます」と味には絶対の自信を持っている。駐車場などを作るために木を切ってしまう家もあるが、「1本でも多く柿の木を残していきたい」と思っている。

ところで現在収穫される禅寺丸柿の大部分はワインに加工される。市場には出回らない実を手に入れられる貴重なチャンスが、毎年10月に柿生駅前で開催する「禅寺丸柿まつり」だ。私も数年前に購入して食べたが、種は確かに多いものの、甘さが凝縮していて美味しかった。柿生禅寺丸柿保存会のテントで販売し、午前中に売切れることが多いので早めにお出かけを。「頭の部分に地紋みたいに渦巻きが見える実が美味しい。これは他の柿には無いんです」と水野さんが教えてくれた。

【後日談】禅寺丸柿は高い木だと7mの梯子を上ったうえに3mほど木を上り、そこから3mの竹竿を使って収穫するという。高齢の生産者が増え、収穫できない実も増えていた。そこで近年は昇降車を導入し、2日間の収穫日を設けて、農協の職員や協力者が収穫をするようになった。「せっかくなった禅寺丸柿を皆さんに食べていただけるなら、私たちも嬉しいことです」と水野さん。

まつりの目玉企画、柿の種飛ばし大会。自信のある方はぜひ参加してみて。

◎麻生郵便局：川崎市麻生区万福寺 5-1-1
◎王禅寺：川崎市麻生区王禅寺 940

82 辻堂局　辻に集まる人形山車が20年ぶりに駅前に

7月27日に開催された藤沢市の辻堂諏訪神社例大祭は、風景印にある人形山車が見もの。東西南北4つの町会の山車が四つ角に集合し、激しく競り合うのだ。JR辻堂駅から10分ほど南へ歩いていくと、小路の先から激しい囃子が聞こえ、まさに競り合いが始まるところ。周囲で女子が盛り上げると、男子が叩く太鼓にも熱が入る。いや、よく見ると女子も太鼓を叩いて実に勇ましい。

面白いのはその場所が、お祭りなど決して開かれそうにない、マンションや民家が密集した生活道路の四つ角であること。だがここは古来、鎌倉道として人が往来し、角には寺のお堂があった。四つ辻の堂だから「辻堂」。地名発祥の地だからこそ、こんなふうに4町が敬意を表して揃い踏みをするのである。

それから4基は辻堂諏訪神社に移動し、総高5mほどにもなる人形立てが始まる。古いものは明治初頭製作という源頼朝らの人形を二重の高欄の上に支柱で据え、町の人々が綱で引き上げる。人形が立ち上がると自然と拍手が起こり、4基そろったところで再び囃子が始まる。若者たちが山車を全速力でぐるぐる回転させ、迫力の競演が夕刻まで続く。

人形山車保存連合会長の山田榮さんは1930（昭和5）年生まれで、7～8歳から太鼓を叩いていた。「昔は今よりも激しく山車を回したので悪酔いしたこともある」と笑うが、当時から基本的な祭り

左：普段は静かな四つ辻で４町の山車が面をつき合わせ、激しく囃子を演奏する。
右：「今では巨大な人形を人力で引き上げるのは全国的にも珍しいはず」と山田さん。写真は南町の武内宿禰。

のありようは変わらない。よそが悩む後継者不足も無縁だ。「辻堂の人たちはとにかく祭りが好きなんです。ひと月前から毎晩、各町の公民館で練習して年上が年下に技術を教える。各町が支え合い、競い合っているので長く続くんでしょう。特に改善するところもないから、昔のままなんです」と胸を張る。

そんな山田さんたちが楽しみにしているのが、（２０１６年）11月26〜27日の辻堂駅開設１００周年記念事業。普段の例大祭では、人形山車が風景印のように駅前まで行くことはないが、今年は80周年に続き20年ぶりに駅舎と山車の共演が実現するのだ。１００周年事業実行委員会本部長の永井洋一さんは、辻堂駅の発車メロディーを地元ゆかりの林古渓作詞「浜辺の歌」に変えるなど、数々の企画を進めている。「辻堂駅は地域住民の請願や敷地の無償提供などによって誕生した駅。地域の人たちの力を借りて盛大に祝いたい」と意気込んでいる。

ちなみに今回貼った切手は七宝という文様。元は「四方」が転じたもので、四方の民が集まる辻堂にはふさわしい図柄と思っているのだが、どうだろうか？

【後日談】 連載時に予告した辻堂駅開設１００周年記念事業にも出かけた。ビルが建ち並び、バスが往来する近代的な駅前と、古い4基の人形山車が融合して、見ていて楽しかった（右ページの写真）。山田さんは当日、若い人から「こんな高さのものを普段はどこにしまってあるんですか？」と素朴な質問を受けたという。「そういう人たちが今度は例大祭にも足を運んでくれるかもしれない。駅前で多くの方に見ていただいた意義がありました」と話してくれた。

◎辻堂郵便局
：藤沢市辻堂 1-4-2
◎辻堂諏訪神社
：藤沢市辻堂元町 3-15-15

83 横浜住吉町局　ハマスタ・ツアーでファンの聖地に潜入

横浜スタジアムでは2010年頃から月に2～3回程度、球場の裏側を職員が案内するハマスタ・ツアーを開催している。申し込みをして出かけると、球場前の地面に席取り用の紙が長蛇の列をなしていた。そう、2016年のこの日は横浜DeNAベイスターズが進出したクライマックスシリーズ・ファイナルステージの2日目。夕方からのパブリックビューイングを予約する列なのだった。

この日のツアーは約20名、皆さんの表情も明るい。「チームが好調な今年は参加者も多めで、対応は大変ですが嬉しい悲鳴です」と営業部の市毛由美さん。ベイファンの夫の誕生日を祝って妻が申し込んだりするケースもあるそうだ。コースは放送ブースや屋内練習場、VIPルームなど、普段はなかなか見られないスポットが満載。ロッカールームや浴室に入ると女性参加者を中心に歓声が上がる。ただしこれはビジターチーム用で、ベイスターズ専用は非公開。

私の子供時代は、恐縮だが大洋ホエールズ（当時）はBクラスが多いチームだった。だが最近は女性ファンが増え、ベイガールとの呼称もあると聞く。市内から友人同士で参加していた女子2人に声をかけてみると、「ラミレス監督は選手を信じてくれるのが嬉しい。中畑清監督が種まきをして、ラミレス監督で花開いた感じ」と分析も本格的だ。それぞれ倉本寿彦選手と梶谷隆幸選手がごひいきだとか。「選手がファンを大事にしてくれるのが嬉しい。ファン同士もすぐ仲良くなります」「今年はテレビ中継をしている飲食店も予約が取りづらい。ベイスターズが強いと街が盛り上がります」と話す。1人で参加していた横須賀市の佐久間朋さんも、その場で2人と意気投合。「今春、友達に連れてきてもらった試合で石田健大投手が勝って、一気にファンになりました。このまま行けるところまで行ってほしいです」。その後、惜しくも日本シリーズには進めなかったが、広島から1勝もぎ取った日は、ガールたちも大いに沸いたことだろう。

左：スタンドの収容人数は約３万人。いつかここで息子の勇姿が見られるかも。「目指せ石田投手、今永（昇太）投手って勝手に言っています」と高木さん夫妻。
右：リリーフカーで記念撮影する女子２人組。「今日は聖地に入れて嬉しいです！」（2017 年春よりリリーフカーのデザインは変更している）

球場に近い中区から夫婦で来ていたのは高木慎二さん、ひろみさん。２０１１年に転居してきて、アットホームなチームの雰囲気に惹かれ、筒香嘉智選手らのファンになった。「今日はブルペンで投球体験ができて、普段は球速１２０kmなんて遅いと思ってたけど、やっぱりプロはすごいなと実感しました」と話す。実は小学2年生（２０１６年当時）の息子・慶太君はベイスターズの野球スクールに入っており、左腕でピッチャー志望だそうだ。ツアーの最後にグラウンドに下りると、その広さに心が晴れやかになる。十数年後、高木慶太投手がこのマウンドに立っていたら嬉しい。

【後日談】ハマスタツアーは２０１7年春から①アドベンチャーコースと②アクションコースの2種類にリニューアルした。①では記事で紹介したような球場の裏側が見学でき、冒頭では可愛いＡＩロボットが横浜スタジアムの歴史を解説してくれる。②は広大なグラウンドを使って約1時間自由に遊べるというもので、ドッカーン！ＦＬＹＣＡＴＣＨ（フライマシーン）で上がった球のキャッチにも挑戦できる。広々としたグラウンドは気持ちよく、市毛さんによれば子どもだけでなく大人にも好評だそうだ。

ロッカールームでは皆、座ってみたくなる。

◎横浜住吉町郵便局
　：横浜市中区住吉町 1-13
◎横浜スタジアム
　：横浜市中区横浜公園

84 川崎千年（ちとせ）局　ポストの後ろに荻原井泉水（せいせんすい）の句碑

「月のたま川を分れし水のたま川へ行く」。図案にある荻原井泉水（1884〜1976）の句碑は、川崎千年郵便局の入り口前にある。初代局長の井上洋治さんが井泉水に直々に頼んで作ってもらった句だ。

井泉水は五七五や季語にとらわれぬ自由律俳句の大家で、種田山頭火や尾崎放哉らを弟子に持つ。東京・港区の荒物問屋の息子で、店に井上さんの父・安蔵さんが奉公したのが縁の始まり。父はその後、武蔵中原で独立し、手広く商売をした。四男の井上さんは家業を手伝っていたが、取引きのあった千年地区に郵便局が無かったため、地域の人たちと相談して1962（昭和37）年に開局した。「周りは田んぼばかりで、（700mほど先の）高架になる前の国鉄南武線が見渡せたものです」と当時を振り返る。

やがて第三京浜が開通し、宅地開発が進む。井上さんは消えゆく農村地帯の面影を碑に残そうと、井泉水に句作を依頼した。井泉水も溝口周辺に弟子が多く、景観をよく知っていた。1975年、井泉水が90歳のことだった。井上さんが小田原市根府川で見つけた石を見せると、その形に合う句を考えるという。完成の知らせを受けて鎌倉の自宅に取りに行くと、まだ文字の配置に頭を悩ませており、「月の」の二文字をてっぺんに置くと「後は君に任せます。大丈夫、自然に置けば出来るから」と井上さんに委ねた。

多摩川から取水した二ケ領用水は南部の田園地帯を潤し、また多摩川へと帰っていく。その様子を、好きだった「月」と絡めて詠んでいる。二ケ領用水は溝口で根方堀に分水しており、開局から5〜6年は川崎千年局の前にも堀が通っていた。句碑を見ると、月が澄んだ用水を

左：局舎は初代の木造から1995年に改築。「当初はこの辺りを根方堀が流れていて、石の板を渡って局に入ったんです」。
右：街には用水を連想させる、せせらぎの遊歩道がある。井泉水とは納音（六十干支を30に分類したもの）において「涸れることなく湧き出る水」のこと。滔々と流れる多摩川にも愛着を感じていたのではないかと想像する。

頭上から冴えざえと照らしている様子まで目に浮かぶようだ。俳人はこの句を遺して翌年、91歳で亡くなった。

井泉水は若くして最初の妻を亡くしている。「そのせいか、だいぶ宗教的な勉強をなさったようで、僧侶のように深みのある方でした」と井上さんは印象を語る。だが一方で「私より山頭火や放哉の方が有名ですから」と自分で言うような茶目っ気もあり、井上さんのことも「兄弟であんただけが親父さんによく似てるなあ」と可愛がってくれた。

井上さんは55年前、郵便局を作ろうと地元の議員に挨拶に行くと「どこの馬の骨かわからない青二才に務まるのか」と面と向かって言われたという。その言葉を胸に、常に地元の役に立つことを考え、32年間局長を務めた。その努力を井泉水の句碑が見守ってくれていた。２０１６年、井上さんは88歳になり、高齢者叙勲で瑞宝双光章を受章した。

風景印は井泉水の句碑と川崎市民の木ツバキ、富士山を配して息子の憲治さんがデザインした。

昔のレトロなポストは地元小学校などに寄贈している。

◎川崎千年郵便局：川崎市高津区千年1286

85 大船局　アジア文化に浸り世界平和を祈る

2016（平成28）年9月10日、大船観音寺で開催した「第18回ゆめ観音アジアフェスティバル」に出かけた。会場では高さ約25mの巨大な白衣観音像の前に舞台が設営され、インドネシア舞踊やベリーダンスなど、アジア系のパフォーマンスが繰り広げられる。アジアの料理や民芸品を売る屋台も並び、私もカレーとタンドリーチキン、マンゴーラッシーで異国情緒に浸った。

それにしても、大船でなぜアジア？　貞昌院住職でゆめ観音実行委員会副委員長の亀野哲也さんに聞いたところ、同寺は年に3万人程の参拝客があるうち、2～3割がアジア諸国の人なのだとか。この観音様は1929（昭和4）年に起工したものの戦中は工事が中断し、60年にようやく完成したのはご存じの方も多いだろう。完成すると、東南アジアなどではもともと釈迦信仰よりも観音信仰の方が強いため、自然と日本在住のアジア人が参拝に集まるようになった。

そういえば境内の灯籠の寄進者にはミャンマー人などの名前も目立つ。「観音像の胎内にある参拝ノートには、いろいろな国の文字で日本で暮らす不安や悩みなどが書き綴られています。同郷の人が集まる場所が無い中で、ここが心の拠り所になっていったのではないでしょうか。最近ではインターネットの口コミなどで台湾から参拝に来られるツアーもいます」。そんな人たちのために企画したこのフェスティバルは、最初は参加者も少なかったが、多い年には2千人が来場するようになった。「この先も長く続けていければ」と亀野さんは話す。

寺には原爆慰霊碑もある。県内在住の原爆被災者が70年に建てたもので、広島原爆の残り火から分火した原爆の火＝平和の火を石灯籠の中で灯し続けている。夕方に

なると、平和の火からの分火で、

上：平和の火から分火した万灯の前で僧侶たちが祈りを捧げる。

左：観音像の前では約10組がパフォーマンスを繰り広げる。

観音像の前に並べた万灯に火を灯し、僧侶たちによる平和祈願法要が始まった。炎を見ていると静粛な気持ちになり、自然と手を合わせたくなる。

法要の後には真っ白な観音像にプロジェクションマッピングで映像を映しながら女性ダンサーが踊りを披露。漆黒の夜空に幻想的な光景が浮かび上がった。大船観音寺では例年6月にはキャンドルナイト、9月にはゆめ観音を実施している。大船から世界の平和に思いを馳せてみてはいかがだろうか。

【後日談】 亀野さんによれば2017年のゆめ観音は、夜のステージに出演応募が増えたという。ますます多くの人が集うイベントになってほしい。

上：寄進者たちにも異国の名前が目に付く。
下：石灯籠の中で灯り続ける原爆の火。

僧侶たちが散華を行ない、参拝者たちは美しいカードを拾う。

◎大船郵便局
：鎌倉市大船 2-20-23
◎大船観音寺
：鎌倉市岡本 1-5-3

86 城山若葉台局　山にびっしり35万株、カタクリの楽園

2012年4月にスタートした当連載も今回で最後となった。とにかく神奈川は広いなあという感慨と、これまで出会った皆さんの顔が胸に浮かびます。

最後の題材は城山若葉台局の風景印に描かれたカタクリの花。小林一章さんが運営する「城山かたくりの里」には毎年3～4月、橋本駅から直通バスが出るほどに賑わう。

この地では明治時代からカタクリの花が見られた。1960年代、もともと養豚農家をしていた小林さん宅が町の薦めにより裏山でクリ拾い園を始めると、クリとカタクリの相性が良く、段々と増えて群生になった。口づてに広まるうちに新聞やテレビも取材に来て有名に。80年代半ばに正式に城山かたくりの里を開園すると来場者が詰めかけ、当初1500㎡を今は4000㎡に拡大し、35万株以上が咲き誇る。

入り口のおみやげ広場では近所の農家が採れたての野菜や果物、鉢植えなどを販売し、これも来場者の大きな楽しみだ。「この辺の農家はどこも、経営し続けるのに大変な思いをしている。販路がなければ成り立たない」とは自身も農業に従事してきた小林さんの思い。ひと春2万5千人の来場者たちは、地元農家にとっても大事なお客さんなのだ。

ある年、一人の女性が「車椅子は入れないですよね?」とやって来た。歩けない母親を車に置いてきたという。幸い平たんな場所も多いので快諾し、山を一回り案内してあげた。暫くして女性が再訪し、「母は1週間後に亡くなったが、死ぬ前に念願だったカタクリをじっくり見られてとても喜んでいた」と礼を言われたことが印象に残っているという。誰でも見られるのが園のモットーで

あり、だから一人一人がマナーを守ってほしいと呼びかけている。

「カタクリは淡いピンクで花びらも薄く儚げに見えます。でも寒さに強くて、まだ雪が残っていても2月半ばには芽を出し始める。アリが種を運ぶので、去年咲いた場所に咲かないと心配しても、少し離れた場所に群れをなしたりする。その生命力に元気をもらいます」。そう話す小林さんの案内で、私も山に入って驚いた。これまで見てきたカタクリは1輪1輪やっと見つけるようなものだったが、ここは辺り一面がびっしりカタクリなのだ。

ワオ！

私もこのカタクリが見られて良かった。きっと神奈川にはまだまだ素敵な場所がたくさんあるはず。ぜひ皆さんも、風景印を案内役にかながわ散歩を楽しんで下さい。

山の斜面にびっしり群生するカタクリ。木漏れ日が射し込む北向きの斜面を好む。

上：ホウキモモの林の前で。小林さんは父の影響で植木好きになり、植物愛好家からも様々な花を譲られる。園内では雪割イチゲやチャルメル草など約100種類の植物が見られる。
下：樹皮がはがれる博打の木。身ぐるみはがされることにかけてこの名で呼ばれる。

アーモンドの花。

真っ白な花の菊咲イチゲ。

◎城山若葉台郵便局：相模原市緑区若葉台 4-1-8
◎城山かたくりの里：相模原市緑区川尻 4307

87 横浜滝頭局　廃止から約半世紀、横浜市電への思い

河嶋弘さんは33年生まれの元車掌だ。齋藤さんが市電に就職したのは終戦直後の46年、友人から募集を聞いて受けに行った。「皆が下駄履きの時代、進駐軍で働いていたので靴をたくさん持っていた。それが市電で働くには良いですねって採用の一因になったんです」と笑う。河嶋さんは父が市電の職員で馴染みが深く、卒業当初は別の企業に勤めたが、52年に転職した。「憧れの職場だし、前より給料がだいぶ良かったのも嬉しかったですね」。

56年には総延長52㎞、利用者数1日30万3千人と最盛期を迎える。車両の外側につかまって無賃で乗車する人もいた。「全員に切符を売らなきゃいけないんだけど、満員で届かないからお金だけ置いていく人もいる。数が合わないので臨検の時に大変でした」と車掌の苦労を語る河嶋さん。齋藤さんは「秋になると県庁前の線路が銀杏の葉で覆いつくされる。そこから油が出て、滑るのが怖かった。その季節は最徐行で運転していました」と運転手ならではの思い出を振返る。

……と最終回を締めくくったものの、他にも取材したい対象はまだあった。1冊にまとめる機会に2つの風景印を新たに訪ねたので、単行本だけの特別篇としてお届けたい。

横浜滝頭局は1904（明治37）年から72（昭和47）年まで運行していた路面電車・横浜市電を図案としている。かつて滝頭にはその車庫と修理工場があり、現在は市バスの車庫になっている他、73年に7両の実物車両を収蔵して横浜市電保存館を開館した。

廃止から半世紀近く経ち、往時を知る関係者も少なくなった中、2人の市電OBに話を聞くことができた。齋藤章三さんは1928（昭和3）年生まれの元運転手、齋

左：ご自身たちも乗務した1500型車両の前で右から齋藤さん、河嶋さん。
右：展示中の車両は車内に上がることもできる。「乗務していた頃はすき間風が寒くて、ドアのすき間に新聞紙を挟んだものです」と齋藤さん。

だがモータリゼーションの時代を迎え、66年より区間の廃止が始まる。ワンマン化が進み、車掌の河嶋さんは一足先の68年に市電を離れる。齋藤さんも軌道に自動車の進入が認められた時点で、先は長くないと実感した。「普通の道路が空いているのに軌道に入って来る自動車がいると、コンチクショウと思いましたね」。

　ただ市電が廃止になっても全員に次の職場は用意された。河嶋さんは本局に入り事務の仕事についた。「大きな計算機を使って慣れない数字の仕事をするのは大変だったけど、市電最後の日にはイベントに関わったし、この保存館の建設にも携わることができました。市電が無くなる寂しさはあったけど、代わりに地下鉄が出来るという前向きな気持ちでしたね」。その後、息子さんも交通局に就職し、あと数年で親子三代で１００年勤続を迎えるというから素晴らしい。

　一方、齋藤さんはなぜか市電最後の日は覚えていない

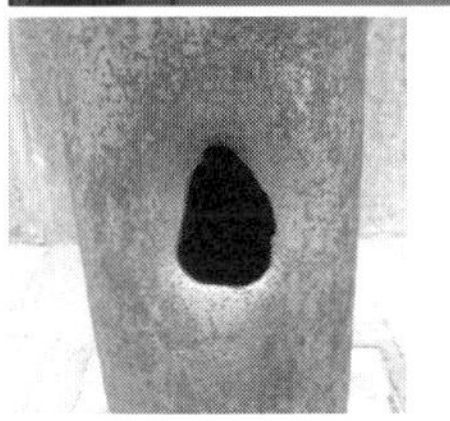

上：滝頭車庫の跡地の一画に建つ横浜市電保存館。建物の前には市電廃止後も35年間奇跡的に神奈川新町の路上に残っていた架線用のポールが２００７年に移設されている。
下：ポール下部には１９４５（昭和20）年の横浜大空襲で受けた焼夷弾の痕が残る。河嶋さんは「友人が保管している焼夷弾を当ててみたら穴の形状がピッタリ。ぜひ館に来た時は注目して下さい」と話す。

という。「解散式もしたはずなんだけど全く記憶にない。ただその時、運転手になった時点で交付された免許証を返されたんです。これは今でも引出しにしまってあります」。その後地下鉄に15年間携わり、最後は三沢上町駅の助役で鉄道人生を終えた。

私は東京で生まれ育ったので横浜市電に乗ったことはないし、都電も荒川線だけになってからの世代。知らないがゆえに勝手にノスタルジーを抱いてしまうが、携わった人たちは皆、前を向いてその後の人生を歩んだと知りホッとした。ただ、齋藤さんがこんなことを言っていた。「例えば間門から尾上町までとか、都電みたいに一路線だけでも残しておいてほしかったなとは、いまだに思いますね。自分の職場だからかもしれないけど、一度無くしたものはもうきっと作れないからね」。この言葉を聞いて保存館の展示を見ると、やはり路面電車の行き交う横浜を歩いてみたかったと思うのだ。

東乙電第五三八号
動力車操縦者 運転免許証
本籍地 横浜市●●●●●●
現住所 横浜市●●●●●●
齋藤章三
昭和三年十一月十五日生
所属事業者名 横浜市交通局
右の者に動力車操縦者運転免許に関する省令の定めるところにより左記のとおり動力車の操縦に関し免許する
乙種電氣車運転免許
昭和三十年一月三十日
東京陸運局長 杉本行雄

上：齋藤さんが解散式で受取った免許証。
下：館内は2017年にリニューアルし、歴史の解説が充実した。当時の世相と合わせて楽しめる。

売店で購入したクリアファイル。1960年時の系統図が見られる。

◎横浜滝頭郵便局：
横浜市磯子区滝頭2-37-18
◎横浜市電保存館：
横浜市磯子区滝頭3-1-53

88 横須賀秋谷局　日本郵便制度の父・前島密に会いに行く

１８７１（明治4）年に日本郵便制度を創始した前島密（１８３５〜１９１９）の墓は横須賀市芦名の浄楽寺にある。彼の命日である4月27日直近の土曜日には郵政ＯＢらが組織する「日本文明の一大恩人　前島密翁を称える会」が墓前祭を行なっている。連載中にいつか取材したいと思いながら、その日は必ず春の郵趣イベントと重なっていた。郵便好きとしては、宿題を果たせぬような気持ちのまま5年が過ぎていたのだった。

称える会の会長・吉崎庄司さんは、鎌倉材木座郵便局の局長を退職した１９９８年に当時の関東郵政局長から、「翁の没後80年に当たる99年に、墓前祭復活を……」と頼まれた。「戦前は1週間ほどかけて盛大にしていたと聞きますが、その後は開催の資料も存在しないので詳細はわかりません。それでも声をかけた局長ＯＢなど十数名、翁の関係団体、地域など賛同してくださった方々のご協力で墓前祭を執り行なうことができました」。その後、会員数は徐々に増え、２０１７年現在は５６０名を数えるまでになっている。この間、土道だった墓地への参道の整備や、胸像の載ったポストの設置などを実施し、「没後１００年を迎える２０１９年にも何か今までと違うことをしたいですね」と構想を練っている。

吉崎さん自身は１９２９（昭和4）年生まれで、終戦直後の46年に父が局長をしていた郵便局に入った。生家は土地や田畑を所有する地主で、戦前までは悠々自適に暮らしていた。それが戦後の農地改革で一変。7人きょうだいの長男だった吉崎さんは、父に頼まれて「泣く泣く」郵便局を継ぐことに。「進学もしたかったし、郵便局みたいに固い仕事は本当はしたくなかった」と打ち明ける。

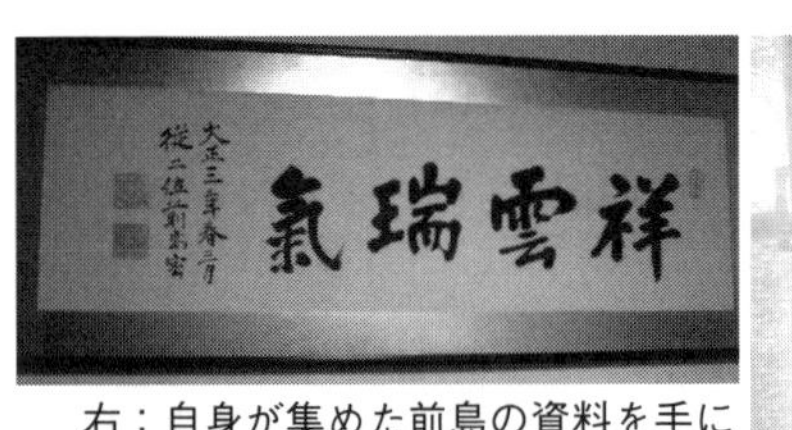

右：自身が集めた前島の資料を手にする吉﨑さん。
左：前島密 79 歳の時の書。吉﨑さんは前島の孫の妻である太津子さんと親交があり、彼女の没後、形見分けのような形で譲り受けた。

だが入局してから渡された、前島や郵便の歴史を綴った教養の書を読んで考えが一変した。「これは大変な仕事だ。実力をつけて絶対にミスを犯してはいけないし、危険な物事には近寄らず、真面目に生きなければいけないと思うようになりましたね」。以来、何度か大きな病を患いながらも、98年まで半世紀以上を勤め上げた。

前島の業績は郵便創始だけでなく、鉄道敷設の立案や電話の開始など実に多岐にわたる。しかし他の明治の元勲ほど知名度が高くないのは、本人の性格によるところも大きい。吉﨑さんも本来は人前に出ることが苦手で、他の役職は極力断っているという。「前島さんは『縁の下の力持ちになることを厭うな』と言って、決して俺が俺がというタイプではなかった。私も悪いことは自分が背負って、良いことは皆に分かつつもりでやってきました。私の中にはずっと、前島さんのような人になりたいという気持ちがあったんです」。

芦名は逗子から三浦半島の西岸を回るバスに乗り、海岸沿いに賑わう葉山を通過した、内陸の静かな集落だ。前島は１９１０（明治43）年、ほとんどの職を辞すと、浄楽寺の敷地に如々山荘という別荘を設け、なか夫人とともに隠居した。青年時代、訓練航海中に停泊した横須賀・三浦周辺の地が思い出深かったからともいわれる。約30年前に先代に嫁いで、現在は住職を務める土川妙真さんは「ここは交通の便が悪いので、人の出入りが少なく、子供の入学式がそのまま親の同窓会になるような土地ですね」と話す。なぜそのような土地を選んだかには諸説あるが、葉山に住むと御用邸まで来た客人たちが自分にも挨拶しなければならなくなるのを気遣って、奥に引っ込んだという説は前島らしい。

「私も地元の歴史家やガイドの方に聞いた話ですが、お酒は好きだったようです。文字の間違いにはうるさくて、カミナリ親父みたいに言われる面もあるようですが、小学校の運動会や卒業式に出席し、子供たちを褒めたりする優しい顔も持っていたようです」と土川さんが話すように穏やかな晩年を送り、19（大正8）年に84歳で亡くなった。

本堂の裏手に墓地があり、吉﨑さんたちが整備した参道を上っていくと、正面に富士山をかたどった墓が見えてくる。晴れていれば背後に本物の富士山が見える特等席。その上に前島の銅像が載っている。昔から愛着を持って見ていた「1円切手のお爺さん」がそこにいた。思えば子供の頃、切手収集が好きだった理由の一つに、郵便局の人が真面目で優しかったことがあると思う。そのDNAの根源に、ようやくたどり着いた。

上：浄楽寺の前には没後95年に設置したポスト。隣には顕彰碑が建っている。
下：前島密夫妻の墓。前島は生前、自分の墓を検討していたが、なかが先に亡くなってしまったため（2年前）、この墓を作ったという。手前のメッセージ用ボックスには前島の功績を伝えるリーフレットとノートが入っている。ノートには全国の郵便局員さんなど参拝者のメッセージが多数記されている。

この銅像は1916（大正5）年に逓信省内に前島の寿像（現在は上越市の前島記念館前にある）を作った際、余剰金で親族に配るために作ったものという。

◎横須賀秋谷郵便局：横須賀市秋谷 1-2-35
◎浄楽寺：横須賀市芦名 2-30-5

◉あとがき

最後までお読み下さった皆さん、どうもありがとうございました。

本書の前段として、かつて横浜の風景印を訪ね歩く書籍を上梓したことがあります。刊行時、神奈川新聞から取材を受けた私は、あわよくば新連載を提案してみようかと腹黒くも企てていたのです。すると取材も終盤に差し掛かった頃、先方から「連載をやってみませんか？」と持ち掛けてくるではありませんか。なんという首尾の良さ！　内心「ラッキー、ラッキー」を連呼しながら、澄ましてお引き受けしたのは言うまでもありません。

私が標榜している「風景印散歩」は、風景印の図案から街を知ること。でも趣味で歩いている分には、なかなかじっくり話を聞くまでには至りません。それが新聞連載という大義名分を得て、当事者に正式に話を聞ける。まさに私がやりたかったことを実現できたのがこの連載でした。時に長っ尻となる私を面倒臭がらずに、人生経験の詰まった話を聞かせて下さった取材対象の皆さんに心よりお礼申し上げます。当初1年のお試しだった連載は、結果5年間も続き、お宝のような話を掘り当てる度に、絶対に書籍という形に残して恩に報いたいという気持ちが強くなっていきました。

生まれてこの方、東京都にしか住んだことがない私が神奈川県を歩いていて感じるのは、歴史の厚みです。もちろん東京にも中世以前の史跡や遺跡はあるのですが、どうしても江戸幕府が開かれた近世以降が中心。それに対して鎌倉時代に幕府が開かれた神奈川には中世の歴史が数多く残っています。北条氏や梶原景季、畠山重忠などを出すまでもなく、ふとした資料や会話の一節に歴史の厚みを感じる瞬間があって、漠然と羨望の念を覚えたこともありました。

　また神奈川は、県外の人間からすると海のイメージが強い県だと思います。けれど山も多く、農業も盛んだというのが私が5年間で得た実感の一つ。長十郎ナシ、パンジー、ブドウ、三浦大根、禅寺丸柿……実にさまざまな作物を栽培している人たちと出会いました。都市化していく県内でたくましく第一次産業に従事している彼らには、地に足をつけて生きる人間特有の、自信と清々しさが共通していました。

　もう一つ印象的だったのは、伝統芸能の灯を絶やさず、守り続けている人たちの存在。大谷歌舞伎、相模人形芝居、下九沢の獅子舞……東京からほんの数十分のところで、こんな素朴な郷土芸能に身を捧げている人たちがいることは新鮮な驚きでした。一方でハロウィンや国際交流など、今風の話題が出てくるのも神奈川県ならではで、ありきたりですが、都会性と地方性の共存が神奈川の魅力だと感じました。

　野口英世や岡本かの子、北原白秋、大佛次郎、大倉邦彦ら文化人のプライベートなエピソードを知れたのも大きな喜びでした。中でも荻原井泉水と直接親交があった方とお会いできるとは！　そして日本郵便の父・前島密の人柄にも触れられたことは、長らく郵便趣味に関わってきた私にとって、非常に意義深いことでした。

　一方で、その名をあまり知られていなくても、それぞれの信念を持って活動していた人たちがいました。氷室椿庭園の氷室夫妻、あじさいの里の川口市議、それから現代を生きて、祭りやイベント、仕事や趣味、市民活動などに力を注いでいる大勢の皆さんたち。神奈川らしさと普遍的な人々の営み、その両方にいつもハッとさせられ続けていたように思います。

　この夏、単行本にまとめるに当たり、5年間に取材した約100名の皆さんに再び連絡を取りました。

その時、思った以上に多くの方に「やりましたね！」「おめでとうございます！」の言葉をかけていただきました。そう言われて生まれてくるこの本は果報者です。電話口で話しているうちに、取材した当時の感触が甦り、嬉しい後日談も聞けたりして、その作業自体が私にとってはご褒美みたいなものでした。

一方で、取材後に鬼籍に入られた方も数名おられ、5年という歳月の長さを思いました。謹んで御冥福をお祈り申し上げます。

振返れば、70代から90代のシニアの方に、話を聞く機会が自然と多くなっていました。語弊を恐れずに言うならば「今、聞いておけて良かった」と思う話が多数ありますし、バイタリティのある皆さんには、まだまだ元気で長生きしていただきたいと心から思います。たった20～30年で多くの正確なことがわからなくなってしまう中、神奈川県内でも、埋もれて風化してしまいがちな一面を記録することが出来たのであれば、執筆者冥利に尽きます。

最後になりますが、取材の場を与えて下さった神奈川新聞と歴代担当者の皆さん、そして単行本の企画を通して下さった彩流社と編集者の出口綾子さん、素敵なカバーをデザインして下さったｙａｍａｓｉｎ（g）さんにお礼申し上げます。

「風景印の案内人」を自称しながら、いつも感じるのは、私の方こそ、風景印に案内されて社会を見させてもらっているのだということです。そんな風景印の奥深い魅力も伝わる1冊になっていることを願っています。

敬具

２０１７年11月

フリーライター兼風景印の案内人・古沢　保

◎著者プロフィール
・古沢 保（ふるさわ・たもつ）

1971年2月26日、東京都生まれ。街歩きと芸能を中心に執筆するフリーライター。

風景印関連の著書に『東京「風景印」散歩365日』（同文舘出版）、『風景印散歩――東京の街並み再発見』、『風景スタンプぶらぶら横浜』、『風景スタンプワンダーランド』、『切手女子も大注目！ふるさと切手＋風景印マッチングガイド』、『切手男子も再注目！ふるさと切手＋風景印マッチングガイド2』、『風景印でめぐる江戸・東京散歩――歌川広重「名所江戸百景」のそれから』（日本郵趣出版）。

風景印の案内役としてイベントやテレビにも出演。「風景印の小部屋」と題したブースの開設や、風景印と生涯学習を結びつけた講演も行なっている。風景印歴史散歩講座は2010年より、80回を超えて毎月開催中。

2017年11月現在、「消印に刻まれた風景」（中日新聞）、「風来坊、浮世絵の街を往く！広重『名所江戸百景』のそれから」（スタンプマガジン）、「マッチング風景印探偵事務所」（郵趣）、「古沢保の風景印だより」（レターパーク）、「カルチャーBOX・TV」（JUNON）を連載中。

ブログ「風景印の風来坊」http://tokyo-fukeiin.at.webry.info/

参考文献：「前島密と横須賀」辻井善彌執筆
本文イラストマップ：古沢　保

風景印かながわ探訪
――“郵便局のご朱印”を集める、歩く、手紙を書く

2017年11月21日　初版第一刷

著　者　古沢 保 ©2017
発行者　竹内淳夫
発行所　株式会社 彩流社
〒102-0071 東京都千代田区富士見2-2-2
電話　03-3234-5931
FAX　03-3234-5932
http://www.sairyusha.co.jp/

編集　出口綾子
装丁・画　yamasin(g)
印刷　モリモト印刷株式会社
製本　株式会社難波製本

Printed in Japan　ISBN978-4-7791-2391-7 C0026